楼宇智能化工程技术系列"十三五"规划教材

楼宇简单设备的安装

◎主　编　芦乙蓬

◎副主编　陈忠仁　闫胜利

　　　　　陈劲游　佟　星

U0190785

重庆大学出版社

内 容 提 要

全书分为 6 个任务,每个任务又包含 3 个活动:熟悉设备及工具、现场施工或设备的安装与调试、汇报与评价。其中,任务 1 介绍了配电箱(柜)的安装;任务 2 介绍了探测器安装与调试;任务 3 介绍了传感器安装与调试;任务 4 介绍了摄像机安装与调试;任务 5 介绍了执行与驱动设备的安装与调试;任务 6 介绍了控制器的安装与调试。

本书可作为高、中职智能楼宇专业的基本教材,也可作为相关技术人员的学习参考用书。

图书在版编目(CIP)数据

楼宇简单设备的安装/芦乙蓬主编.--重庆:重
庆大学出版社,2018.3
中等职业教育机电设备安装与维修专业系列教材
ISBN 978-7-5689-1018-7

Ⅰ.①楼… Ⅱ.①芦… Ⅲ.①房屋建筑设备—建筑安
装—中等专业学校—教材 Ⅳ.①TU8

中国版本图书馆 CIP 数据核字(2018)第 035400 号

楼宇简单设备的安装

主 编 芦乙蓬
副主编 陈忠仁 闫胜利 陈劲游 佟 星
策划编辑:周 立

责任编辑:李定群   版式设计:周 立
责任校对:邬小梅   责任印制:张 策

*

重庆大学出版社出版发行
出版人:易树平
社址:重庆市沙坪坝区大学城西路 21 号
邮编:401331
电话:(023) 88617190 88617185(中小学)
传真:(023) 88617186 88617166
网址:http://www.cqup.com.cn
邮箱:fxk@ cqup.com.cn(营销中心)
全国新华书店经销
重庆长虹印务有限公司印刷

*

开本:787mm×1092mm 1/16 印张:12.75 字数:256 千
2018 年 3 月第 1 版   2018 年 3 月第 1 次印刷
印数:1—2 000
ISBN 978-7-5689-1018-7 定价:49.00 元

本书如有印刷、装订等质量问题,本社负责调换
版权所有,请勿擅自翻印和用本书
制作各类出版物及配套用书,违者必究

前言

　　本书是为适应高职教育改革与发展的需要,结合智能楼宇技术专业的教育标准、培养目标及课程教学基本要求编写的。

　　本书采用了工作任务驱动法,立项初期就从企业聘请了大量的工程技术专家和管理人员进行课题研讨,并根据他们的提议确立课程名称及任务内容。

　　本书在编写时,采用了首先设置情境模式,然后对该情境模式进行分析,确定工作模式及流程,最后对工作流程进行分解,确立实施手段及方法,打破了传统的学科体系的教学方法。

　　本书以常用楼宇设备安装的基本理论、技术及方法为重点,内容上力求先进性、通用性和实用性,精心选配了大量的插图,以便学生理解和学习,同时突出技术的实用性与应用性,注重实践应用能力的培养。本书除了作为高、中职智能楼宇专业的基本教材之外,也可作为相关技术人员的学习参考用书。

　　本书由芦乙蓬主编,中山职业技术学院陈忠仁、闫胜利、万其明、李硕明,以及中山供电局陈劲游、深圳市建星项目管理顾问有限公司中山分公司陈艳霞、广东采联采购招标有限公司中山分公司吴嘉雯、三亚技师学院佟星等参与了本书部分章节的编写工作。在此表示感谢。

　　由于编者水平有限,书中难免有疏漏和不足,敬请广大读者批评指正。

编　者

2018 年 1 月

目录 Contents

任务1

配电箱(柜)的安装

楼宇设备类型庞杂、种类众多。这里所说的简单楼宇设备,主要是指用于安防与视频监控系统、消防自动报警系统、智能楼宇控制系统及有线电视与程控电话系统中的探测器、传送器、报警器、驱动设备、控制设备及机架等。

任务目标

1.了解常用配电箱(柜)的规格型号、使用场所及安装特点。

2.调研对该行业从业人员的基本素质要求。

3.会使用配电箱(柜)安装维护的常用工具。

4.能熟练安装配电箱(柜)。

5.培养学生的基本沟通能力。

 工作情境描述

组织学生到配电房参观,了解配电箱(柜)的作用。通过参观,培养学生对设备安装工作的兴趣。

活 动 1 专 业 知 识

 学习目标

1.了解常用配电箱(柜)的类型、使用场所及特点。

2.熟悉安装时使用的工具,并能熟练使用。

3.培养学生的组织、沟通能力。

 学习过程

(1)常见配电箱(柜)的种类

配电箱与配电柜没有严格的区分。一般情况下,安装于墙面上的为配电箱,安装于地面上的为配电柜。

配电箱是按电气接线要求将开关设备、测量仪表、保护电器及辅助设备组装在封闭或半封闭(金属、塑料等)箱柜中而构成(低压)配电装置。当设备正常运行时,可通过开关或断路器手动或自动接通或分断电路。当设备故障(或异常)时,可借助保护电器切断电路或报警;也可借测量仪表显示运行中的各种参数,对某些电气参数进行调整,对偏离正常工作状态进行提示或发出信号。它常用于各发电、配电、变电等场所。

配电箱(柜)主要用于电能的分配、监视、保护、控制,以及设备故障时的断电检修。

配电箱的基本功能有:电源隔离功能;正常接通与分断电路功能;过载、短路、漏电等保护功能。

按照用途来分类,配电箱(低压)一般有照明配电箱、动力配电箱、控制箱及计量配电箱等。配电柜(有高压、低压之分,此处指低压)种类较多,较复杂。常用的有照明配电柜、动力配电柜、电容补偿柜、计量柜及继电保护柜等。

配电箱的代表符号为:AL 是照明配电箱,AP 是动力配电箱,KX 是控制箱等;配电柜的代表符号为:AL 是照明配电柜,AP 是电力配电柜,AS 是信号柜,ACC 或 ACP 是电容补偿柜,AR 是继电保护柜,AW 是计量柜,等等。

配电箱按照安装方式,可分为明装和暗装等两种;配电箱(柜)按照结构特点,可分为开启式、封闭式和抽屉式等。

(2)认识常见的配电箱(柜)

1)配电箱(柜)及配件

①配电箱(柜)

配电箱(柜)由箱体、箱门、配件及附件组成。其中,附件又包含接零端子板、接地端子板、电气安装板、安装导轨等。配件包括断路器、熔断器、继电器、开关及仪表等。

②箱体

箱体有木箱体、塑料箱体(见图 1-1-1—图 1-1-3)、金属箱体(见图 1-1-4、图 1-1-5)及金属柜体(见图 1-1-6)等。

图 1-1-1 塑料配电箱箱体   图 1-1-2 塑料配电箱箱盖   图 1-1-3 塑料配电箱

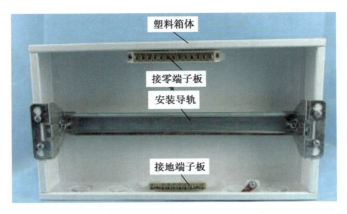

图 1-1-4　金属配电箱箱体（用于照明线路中）

图 1-1-5　金属配电箱

图 1-1-6　金属配电柜

③配件

配电箱（柜）中的常用配件如图 1-1-7—图 1-1-11 所示。

图 1-1-7　接地端子板

图 1-1-8 接零端子板

图 1-1-9 电气安装板

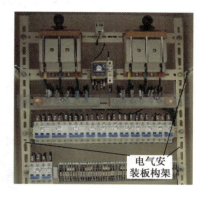

图 1-1-10 电气安装板构架

图 1-1-11 安装导轨

2)安装配电箱(柜)的常用工具

①手枪钻

手枪钻是指在安装物表面上钻孔的工具。它主要用于金属、塑料及其他材料及工件上的钻孔,如图 1-1-12 所示。

②电锤

电锤是指在安装物表面上钻孔的工具。它主要用于混凝土及砖石墙面上的钻孔、开槽等操作,如图 1-1-13 所示。

图 1-1-12 手枪钻

图 1-1-13 电锤

③螺钉旋具

螺钉旋具是指用于紧固或拆卸螺钉的工具。按头部形状的不同,可分为一字形和十字形两种,如图1-1-14、图1-1-15所示。

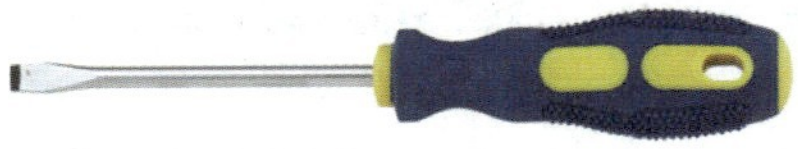

图1-1-14　一字形 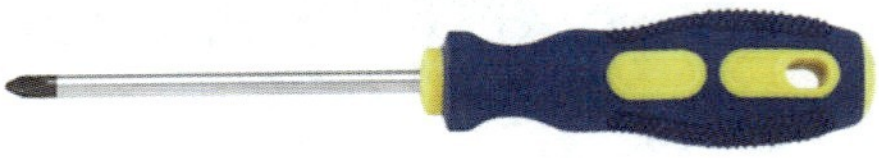　　　　　　　　　　图1-1-15　十字形

④尖嘴钳

尖嘴钳是常用的夹持工具。它适用于在狭小的空间操作,如图1-1-16所示。

图1-1-16　尖嘴钳

⑤剥线钳

剥线钳是专用导线绝缘剥削的工具,如图1-1-17、图1-1-18所示。

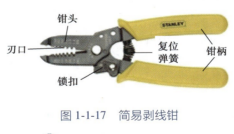

图1-1-17　简易剥线钳

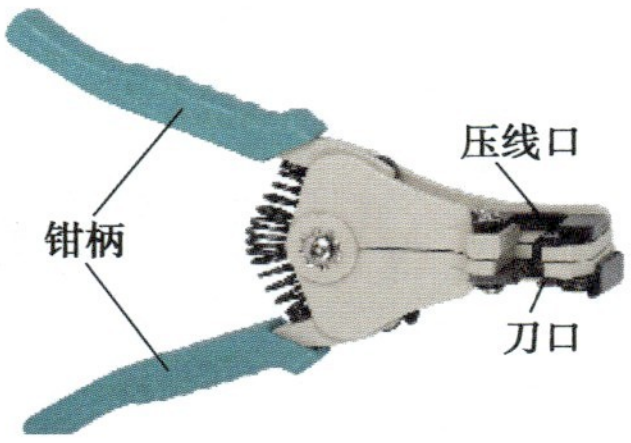

图1-1-18　剥线钳

3)配电箱(柜)常用仪表

兆欧表又称摇表,是一种测试绝缘电阻的专用仪器,如图1-1-19所示。

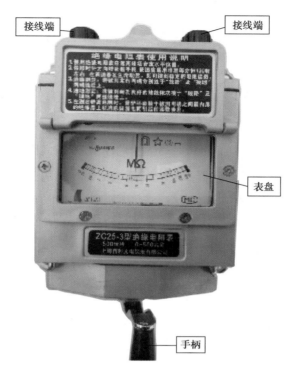

图 1-1-19 兆欧表

(3)配电箱(柜)机架的型号及识别

1)配电箱(柜)机架的型号

配电箱(柜)机架的型号为

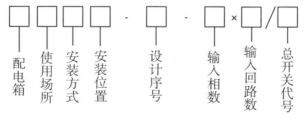

其中,X 表示配电箱(G 代表配电柜);使用场所中,M 表示使用在照明电路上,L 表示使用在动力电路上;安装方式中,H 表示箱体横装,缺省表明箱体竖装;安装位置中,R 表示箱体嵌装在墙内,缺省表明箱体悬挂在墙面上;输入相数中,1 表示单相电源,缺省表示三相电源;总开关代号中,0 表示不带总开关,1 表示带总开关。

例如,XM-04-1×5/1,其含义为照明配电箱,箱体竖装于墙面上,5 路单相电源带总开关。

配电箱的型号目前没有统一的规定,这里选用的是较常用的标注方法。

2)配电箱系统图中配电箱(柜)的标注

在配电箱系统图中,配电箱(柜)整机(包括机架内的断路器、电缆等设备)的标注为

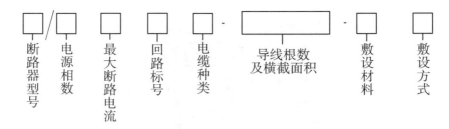

例如,NPX160/3P 160 A WL1 YJV-4＊70+1＊35-SC80 FC,其含义为配电箱内安装有型号为 NPX160/3P 的断路器(该断路器是最大断路电流 160 A 的三相断路器)。其中,回路 1 由 4 根横截面积为 70 mm² 的线芯与 1 根横截面积为 35 mm² 的保护线芯的铜芯交联聚乙烯电缆组成,电缆穿过直径为 80 mm 的钢管埋入地面暗装敷设。

其中,敷设方式的标注形式如下:

AB——沿或跨梁(屋架)敷设;

BC——暗敷设在梁内;

AC——沿或跨柱敷设;

CLC——暗敷设在柱内;

WS——沿墙面敷设;

WC——暗敷设在墙内;

CE——沿天棚或顶板面敷设;

CC——暗敷设在屋面或顶板内;

SCE——吊顶内敷设;

FC——地板或地面下敷设;

SC——穿焊接钢管敷设;

MT——穿电线管敷设;

PC——穿硬塑料管敷设;

FPC——穿阻燃半硬聚氯乙烯管敷设;

CT——电缆桥架敷设;

MR——金属线槽敷设;

M——用钢索敷设;

KPC——穿聚氯乙烯塑料波纹电线管敷设;

CP——穿金属软管敷设;

DB——直接埋设;

TC——电缆沟敷设;

CE——混凝土排管敷设。

学习目标

1.掌握配电箱(柜)的安装步骤及要求。

2.会配电箱(柜)内配电线路的布线。

3.培养学生的组织、沟通能力。

学习过程

(1)配电箱(盘)安装步骤及要求

步骤如下(见图 1-2-1):

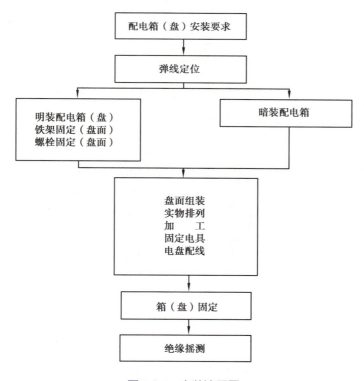

图 1-2-1　安装流程图

1）读懂安装说明书

这是安装配电箱的第一步，了解配电箱的材质、大小、结构及防护等级等相关信息，熟悉配电箱的配件及安装要求，并对配电箱做一般性检查及机械性能检查。

2）弹线定位

确定配电箱的安装位置及安装方式。

①安装位置要求

a.低压配电系统一般采用配电柜或总配电箱、分配电箱、开关箱三级配电方式配送电能，且它们之间满足图1-2-2的要求。

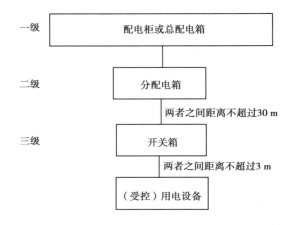

图1-2-2　各级配电箱之间关系图

b.配电箱装设应美观、端正、牢固及便于操作维护。固定式的配电箱、开关箱的中性点与地面的垂直距离应为1.4~1.6 m；移动式的配电箱、开关箱的中性点与地面的垂直距离应为0.8~1.6 m。

c.配电箱内电气设备配置顺序依次为隔离电器、短路与过载保护电器，不能颠倒。

d.动力配电箱与照明配电箱宜分别设置，如果受条件限制动力与照明用同一个配电箱配电时，动力与照明电路应分开配置。

e.N（中性线、零线）、PE（保护地线或保护零线）的端子板必须分别设置，严禁合设在一起。端子板固定在电气安装板上，并作出清晰的符号标记。

②安装方式

安装方式有固定式安装和移动式安装两种。其中，固定式安装包含墙面安装（包括明装、暗装两种）和地面安装两种方式。这里主要讨论明装和暗装方式。

明装、暗装都需要按照设计要求和现场考察情况确定配电箱的安装位置，然后用墨斗、直尺等划线工具在墙面上划出配电箱的安装位置。明装时，划出的是支架的位置；暗装时，划出的是安装孔洞的位置（注：预留的安装孔洞不用）。

3)配电箱的固定安装

①明装(悬挂式)安装步骤

A.确定安装孔的位置并标注

将支(挂)架放置在配电箱安装位置的中心,并用铅笔在墙面上描出安装孔的位置,如图1-2-3所示。

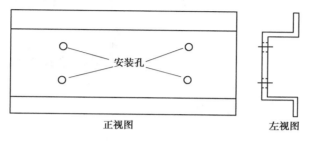

正视图　　　　　　　　　左视图

图1-2-3　支挂架视图

B.用冲击钻在墙面上钻出安装孔

拿走支(挂)架,在铅笔描点的位置用冲击钻钻出安装孔,并在安装孔内放入膨胀螺栓。

C.固定支(挂)架

首先取下膨胀螺栓上的螺母,然后将支挂架穿过膨胀螺栓,最后上紧螺母,完成支挂架的安装与固定。

D.吊装配电箱

吊起或搬起配电箱,将配电箱卡装在支挂架上,完成配电箱的安装。

②暗装(嵌入式)安装步骤

A.划线定位

在安装孔洞处用铅笔划线。

B.开凿安装孔洞

用凿子或电动开洞机在墙面开出符合要求的孔洞(见图1-2-4),并清扫砖屑等杂物(注:有预留孔洞时,不需要此步骤)。

C.安装固定配电箱

首先将配电箱吊装到安装孔洞内,然后用水泥固定。

4)配电箱盘面(开关箱)的组装

①识读配电箱电气原理图

电气原理图是电路连接的依据,因此,必须会识读。

②箱内空气开关的安装

其步骤如下：

A.安装导轨

导轨安装要水平（见图1-2-5），并与空气开关（简称空开）的操作孔相匹配。

图1-2-4　安装孔洞实物图

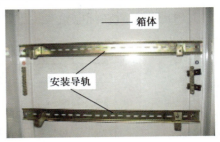

图1-2-5　安装导轨

B.安装空开

空开安装时，一定要与箱盖上的安装孔相对应，并按照从左向右的顺序依次安装，如图1-2-6所示。总空开与分空开之间应预留一定的空隙（能放下一个空开的距离），如图1-2-7所示。

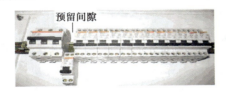

图1-2-6　依次安装

图1-2-7　留有空隙

③配线

A.空开零线配线

零线要采用蓝色导线，如图1-2-8所示。照明及插座回路一般采用2.5 mm² 导线，一个空开带插座数不应大于3个；空调回路一般采用2.5 mm²或4 mm²导线，一个空开带一台空调。

B.空开相线配线

A相线为黄色，如图1-2-9所示；B相线为绿

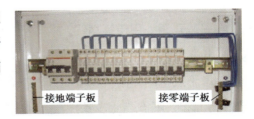

图1-2-8　空开零线配线

色，如图1-2-10所示；C相线为红色，如图1-2-11所示。总空开上接线顺序为黄、绿、红，注意不能接反。

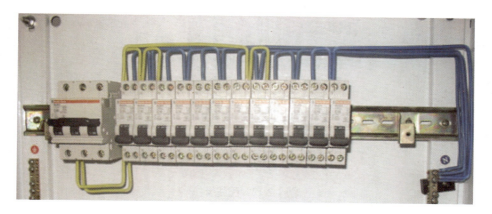

图 1-2-9　A 相配线

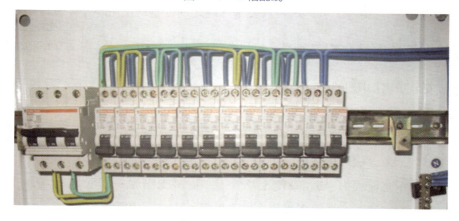

图 1-2-10　B 相配线

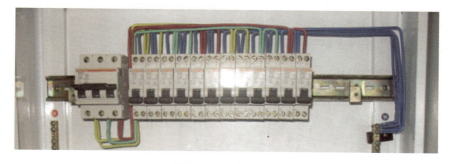

图 1-2-11　C 相配线

C.配线的绑扎

导线要用塑料扎带绑扎,扎带大小要合适,间距要均匀,一般为 100 mm;绑好后,多余的部分要用钳子剪去,如图 1-2-12 所示。

D.接地保护配线

将配电箱的金属外壳、用电设备的金属外壳以及插座的接地插孔等连接在接地端子板上,并将接地端子板和大地做可靠的电连接。

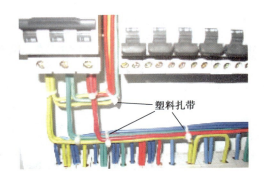

塑料扎带

图 1-2-12　配线绑扎

④绝缘测试

绝缘电阻测试用兆欧表(也称摇表),要求导线之间的绝缘电阻不小于 0.5 MΩ。

（2）配电柜的安装步骤及要求

配电柜安装步骤如图 1-2-13 所示。

1）挖电缆沟,敷设进户电缆

该环节包括了准备及施工两个过程。其中,准备主要涵盖图纸会审、工程预算、施工区域隔离防护、施工人员安排、生产机械的运输等环节。施工的工艺流程为:放线→挖土及外运→混凝土垫层→钢筋安装→底板模板安装→混凝土底板→电缆沟壁模板安装→电缆沟壁混凝土→模板拆除→回填土→支架安装→盖板。其中,挖沟如图 1-2-14 所示,砌墙如图 1-2-15 所示,安装支架如图 1-2-16 所示,放置线管(或捆绑电缆)如图 1-2-17 所示,盖上盖板如图 1-2-18 所示。

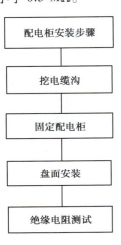

图 1-2-13　配电箱
安装步骤

2）在地面上固定配电柜

首先根据设计图纸在相应位置做混凝土基础台(或称混凝土基座)(见图 1-2-19),并预埋膨胀螺栓(或用型钢制作配电柜底座);然后将配电柜吊装到相应位置,上紧螺母(或焊接)固定,如图 1-2-20 所示。

图 1-2-14　挖沟

图 1-2-15　砌墙

图 1-2-16 安装支架

图 1-2-17 放置线管(或捆绑电缆)

图 1-2-18 盖上盖板

图 1-2-19 混凝土基座

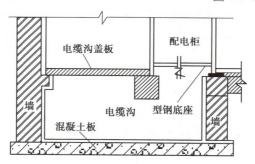

图 1-2-20 配电房结构图

3) 配电盘的安装

①配电盘安装内容及母线安装方式

配电盘安装包括硬母线的安装、电器元件的安装、柜内回路的连接与布线、安装后的检查及电工仪表的检查与测试等环节。

母线应固定在支承绝缘子上,安装方式有以下 3 种:

a.用螺栓将母线固定在绝缘子上。

b.用卡板将母线固定在绝缘子上。

c.用扁铝夹板将母线固定在绝缘子上。

②配电盘安装要求

母线垂直布置时,交流 L1,L2,L3 相的排列应由上向下,直流母线的正极在上、负极在下。母线水平布置时,交流 L1,L2,L3 相的排列应由内向外,直流母线的正、负极排列由内向外。

配电柜内所装电器元件应完好,安装位置应正确,并固定牢固。

所有接线应正确,连接可靠,标志齐全、清晰。

母线的载流量应按相关文档确定。

常用硬母线有封闭式母线和一般母线两类,如图 1-2-21 所示。一般母线根据材质的不同,可分为铜母线和铝母线两种,如图 1-2-22、图 1-2-23 所示。

图 1-2-21　封闭式母线

图 1-2-22　铜母线

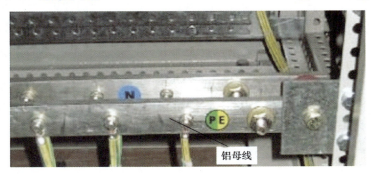

图 1-2-23　铝母线

电器元件之间要保持一定的灭弧距离,并应在元件下面标注,如图 1-2-24、图 1-2-25 所示。

图 1-2-24　滤波器的安装

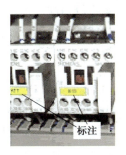

图 1-2-25　接触器的安装

配电柜外壳要可靠接地,如图 1-2-26、图 1-2-17 所示。

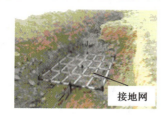

图 1-2-26　接地网

图 1-2-27　接地线

操作手柄应调整到位,不得有卡阻现象,如图 1-2-28 所示。

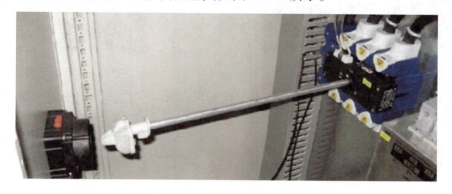

图 1-2-28　配电柜操作手柄

相同性质的导线应通过同一线槽布线,布线要横平、竖直,层次分明,如图 1-2-29 所示。配电柜布线完成后,应做高压耐压实验及检查。

4)绝缘电阻测试

要求电器设备的绝缘电阻不能小于 0.5 MΩ。

绝缘电阻测试方法如下:

①测试前的准备

测量前,对兆欧表(见图 1-2-30)进行一次开路和短路试验,检查兆欧表是否正常。具体操作为:将两连接线开路,摇动手柄指针应指在无穷大处,再把两连接线短接一下,指针应指在零处。

②测试

a.被测设备必须与其他电源断开。测量完毕后,一定要将被测设备充分放电(需 2～3 min),以保护设备及人身安全。

b.兆欧表与被测设备之间应使用单股线分开单独连接。其中,兆欧表的"L"接线柱用单根导线接设备的待测部位,"E"接线柱用单根导线接设备外壳,"G"接线柱连接线芯与外壳之间的绝缘层。

图 1-2-29　同类导线配线

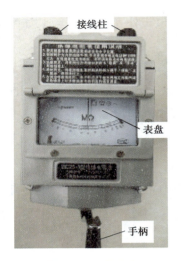

图 1-2-30　兆欧表

　　测试导线与线管之间绝缘电阻如图 1-2-31 所示;测试电机绕组对地绝缘电阻如图1-2-32所示;测试电缆绝缘电阻如图 1-2-33 所示。

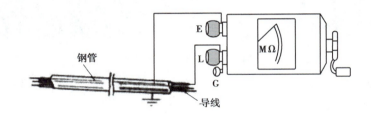

图 1-2-31　保护钢管与导线之间的绝缘电阻测试

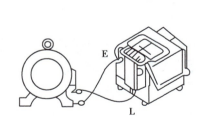

图 1-2-32　电动机绕组绝缘电阻测试

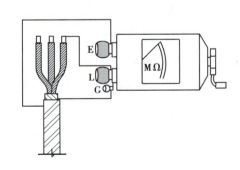

图 1-2-33　电缆绝缘电阻测试

　　c.摇动手柄时,应由慢到快,均匀加速到 120 r/min。待兆欧表指针稳定不动时,即可读出被测设备的绝缘电阻值。

活动 3 　汇报与评价

（1）过程评价

过程评价在学习过程中完成,它主要是评价与考核学生对某一项技能掌握的程度。通过评价,发现学生的闪光点,激发学生学习的积极性。

1)参观学院配电房的汇报与评价

检查各小组的参观总结和调查报告,填写表 1-3-1。

表 1-3-1 　调查表

评价项目	评价内容	考评结论
参观计划	例如,是否有计划,计划内容是否完整,计划是否可行,计划是否方便执行,等等	
参观流程		
参观纪律		
报告格式合理性		
报告内容完整性		
报告主题清晰性		
报告对今后学习的指导性		

2)学生学习态度的评价

小组成员对组中其他同学进行评价,见表 1-3-2。

表 1-3-2 　成员评价表

评价项目	分　数	该生特点
看图能力		
完成作业情况		
沟通能力		
动手能力		
实验态度		
现场整理		

3）综合评价

综合评价见表1-3-3。

表1-3-3　综合评价表

评价项目	评价内容	评价标准	评价方式		
			自我评价	小组评价	教师评价
职业素养	安全意识责任意识	1.作风严谨,遵章守纪,出色地完成任务 2.遵章守纪,较好地完成任务 3.遵章守纪,未能完成任务,或虽然完成任务但操作不规范 4.不遵守规章制度,且不能完成任务			
	学习态度	1.积极参与教学活动,全勤 2.缺勤达到本任务总学时的5% 3.缺勤达到本任务总学时的10% 4.缺勤达到本任务总学时的15%			
	团队合作	1.与同学协作融洽,团队合作意识强 2.与同学能沟通,团队合作能力较强 3.与同学能沟通,团队合作能力一般 4.与同学沟通困难,协作工作能力较差			
专业能力	调研能力	1.能制订周密的调研计划,并按时完成调研报告,学习认真,表现突出 2.能制订较周密的调研计划,较好地完成调研报告,学习认真 3.调研计划制作不周密或未完成调研报告,学习不认真 4.没有调研计划且未完成调研报告			
	触电急救	1.急救步骤完善,急救操作正确 2.急救步骤较完善,急救操作较正确 3.急救步骤有缺失,急救操作基本正确 4.急救态度不正确,急救操作不正确			
	专业常识	1.按时、完整地完成工作页,问题回答正确 2.按时、完整地完成工作页,问题回答基本正确 3.不能完整地完成工作页,问题回答错误较多 4.未完成工作页			
创新能力		学习过程中提出具有创新性、可行性的建议	加分奖励:		
学生姓名			综合评价		
指导教师			日期		

（2）工作任务单

1）照明电路板的安装

其目的是：通过本次实训，让学生掌握布线方法、技巧、规范及法规等。

①准备材料见表 1-3-4。

表 1-3-4　备料单

序　号	名　　称	型　号	数　量	备　注
1	单相电能表		1个	
2	总空气开关		1个	
3	分空气开关		5个	
4	熔断器		5个	
5	音乐门铃室内机		1个	
6	音乐门铃按钮		1个	
7	白炽灯		1盏	
8	按键开关		1个	
9	日光灯		1个	
10	双控开关		2个	两地控制
11	线槽		5 m	
12	导线		若干	

②元件安装位置如图 1-3-1 所示。

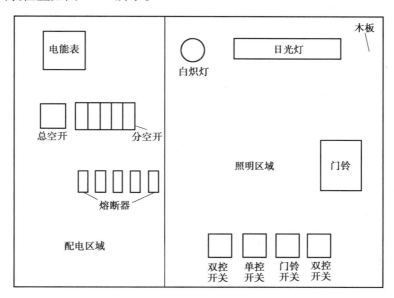

图 1-3-1　元件安装位置图

③电路原理图如图 1-3-2—图 1-3-4 所示。

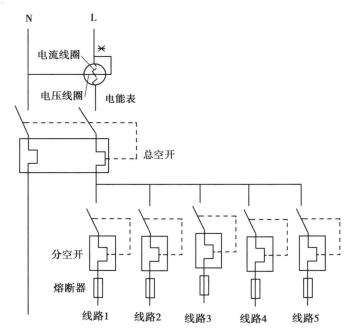

图 1-3-2　配电部分电器原理图

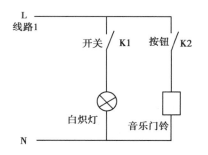

图 1-3-3　照明部分电器原理图

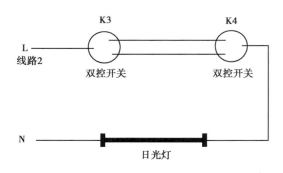

图 1-3-4　双控灯控制电路原理图

注:所有导线要通过线槽布设。

2)配电柜电路的布线

①基本概念

其目的是:通过本次实训让学生了解二次回路的概念,看懂配电柜一次(又称主接线)电路原理图及二次(又称次设备)电路原理图,并能正确接线。

变、配电柜一次回路是指由变压器、断路器、隔离开关、互感器及母线等电气设备按照一定的顺序连接而成的接收电能和分配电能的电路。

对一次电气设备进行监视、测量、操纵、控制及保护的辅助设备,称为二次设备。由二次设备连接而成的回路,称为二次回路。二次设备包括各种继电器、信号装置、测量仪器、控制电缆、控制开关、操作电源及小母线等。

②元件布置图

A.柜门电器元件布置

柜门电器元件布置如图1-3-5所示。

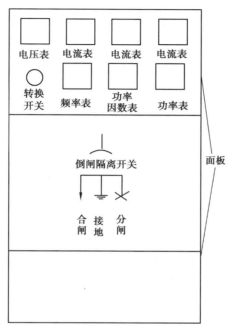

图1-3-5　配电柜门面板电器设备位置图

B.柜内电器设备布置

柜内电器设备布置如图1-3-6所示。

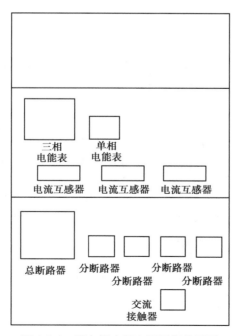

图1-3-6　配电柜内部电器设备位置图

C.电气原理图

电气原理图如图 1-3-7、图 1-3-8 所示。

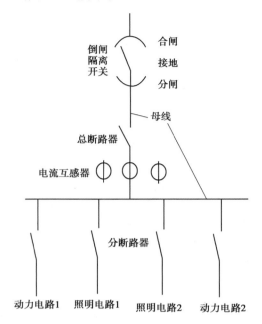

图 1-3-7　一次回路原理图

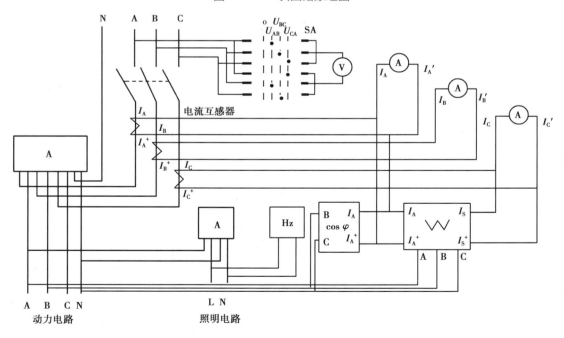

图 1-3-8　二次回路电路原理图

③备料

备料情况见表 1-3-5。

表 1-3-5 备料单

序 号	设备名称	设备型号	数 量	备 注
1	转换开关		1个	
2	电压表		1只	
3	电流表		3只	
4	频率表		1只	
5	功率因数表		1只	
6	配电柜		1个	
7	总断路器(三相)		1个	
8	分断路器(三相)		2个	
9	分断路器(单相)		2个	
10	交流接触器		1个	
11	磁插式熔断器		10个	
12	电流互感器		3个	
13	信号指示灯		3个	一"红"两"绿"
14	按钮		2个	一"红"一"绿"
15	导线		若干	黄、绿、红3色

任务2

探测器安装与调试

任务目标

1.了解探测器的种类与特点。

2.了解探测器的结构和工作原理,会简单地选择探测器。

3.掌握探测器的安装、接线和简单调试。

4.会使用常用探测器安装工具。

5.掌握探测器安装的相关规范与法规。

6.作业完毕后能按照电工作业规范清点、整理工具;收集剩余材料,清理作业垃圾。

7.完成本次作业的评价及评分工作。

 工作情境描述

在假想的空间内安装消防类探测器(如感烟火灾报警探测器、感温火灾报警探测器、可燃气体报警探测器等),并组建火灾报警系统,测试其运行情况。安装防盗类探测器(如门磁报警探测器、红外防盗报警探测器等),并组建防盗报警系统,测试其运行情况。

活动 1　熟悉设备及工具

 学习目标

1.熟悉常用火灾报警探测器、防盗报警探测器的类型、结构、工作原理及其附件。

2.熟练掌握火灾报警探测器、防盗报警探测器的选择方法。

3.会正确使用探测器安装工具。

 学习过程

(1)探测器简介

将被测物周围环境的变化信号转化成某种物理量,通过与设定的物理量相比较,转换成报警信号,并通过变送器变成电信号发出报警信息的设备,称为探测器。它通常由接收环节、给定环节、比较器、分析判断环节及变送器等组成,如图 2-1-1 所示。

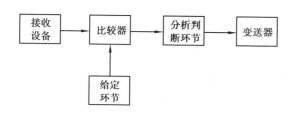

图 2-1-1 探测器结构框图

其中,接收设备的作用是将"环节变化信号"转换成某种"物理量";给定环节的作用是设定"阈值"(即探测器发出报警信号的给定值);比较器的作用是将测量值和阈值比较,满足条件发出报警信号;分析判断环节具有"智能化"功能,有学习能力;变送器的作用是将其他形式的报警信号转换成电报警信号,传送给后面的电路使用。

探测器的种类有很多,这里主要介绍火灾报警类探测器(包括感烟、感温、感光及可燃气体等火灾报警探测器)及防盗类探测器(包括门磁、红外和微波等防盗报警探测器)。

1)火灾报警探测器简介

火灾报警探测器是指用来响应其附近区域由火灾产生的物理或化学现象的检测元件。它是智能消防系统的"哨兵",主要起着及时"发现"火灾并将信号向后传送的作用。

根据探测火灾参数的不同,可分为感烟式火灾报警探测器、感温式火灾报警探测器、感光式火灾报警探测器、可燃气体探测器及复合式火灾报警探测器等,即

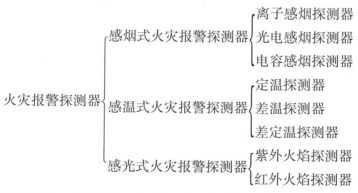

根据探测范围的不同,可分为点型火灾报警探测器和线型火灾报警探测器,即

$$火灾报警探测器\begin{cases}点型火灾报警探测器\\线型火灾报警探测器\end{cases}$$

①火灾报警探测器的结构及各部分作用

A.点型火灾探测器

点型火灾探测器是指火灾探测范围是以探测器在地面投射点为圆心的一个圆形范围的火灾探测器。

点型火灾报警探测器的结构如图 2-1-2 所示。

传感器的作用是将火灾发生时的烟雾、温度及光信号转变为电信号。

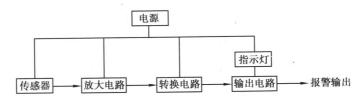

图 2-1-2　点型火灾报警探测器结构框图

放大电路的作用是将微弱的电信号转变为较强的电信号。

转换电路的作用是将火灾时产生的模拟信号转变为火灾报警系统能识别的数字信号。

输出电路的作用是将该电信号进行功率放大并输出。

指示灯的作用是显示该火灾报警探测器的工作状态。其中,"闪烁"表明巡检,"常亮"表明火灾报警。

电源的主要作用是给整个探测器的线路部分提供能源。

B.线型火灾探测器

线型火灾探测器是一种响应某一连续线路周围的火灾参数的探测器。其连续线路可以是"光路",也可以是实际线路。常用的主要有线型红外光束感烟探测器和线型感温火灾探测器两种。

线型火灾报警探测器的结构差别较大,线型火灾报警探测器的结构要根据不同的类型具体讨论。

其中,线型红外光束感烟探测器由发射器、接收装置(或反射装置)、凸透镜、滤光片、脉冲信号发生器、放大器、转换电路及输出电路等组成。线型感温火灾探测器由转换盒、终端盒和感温电缆组成。

C.可燃气体报警探测器

可燃气体报警探测器是指对单一或多种可燃气体(包括天然气、液化气、酒精及一氧化碳等)浓度做出响应的探测器。它主要用于预防潜在的火灾、爆炸和毒气危害。

可燃气体探测器的主要组成部分是敏感元件。敏感元件根据组成材料的不同,可分为金属氧化物半导体元件和催化燃烧元件两类。

②火灾报警探测器识别

A.点型火灾报警探测器

a.接线盒。有保护和连接导线的作用。常用的有金属接线盒(见图 2-1-3)和塑料接线盒(见图 2-1-4)两种。

b.点型感烟探测器。感烟探测器的指示灯巡检时闪烁,火灾报警时常亮,如图 2-1-5所示。

点型感烟探测器由底座(见图 2-1-6)和探测头(见图 2-1-7)组成。

图 2-1-3　金属接线盒

图 2-1-4　塑料接线盒

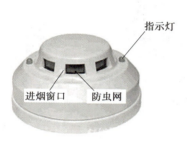

图 2-1-5　点型感烟探测器

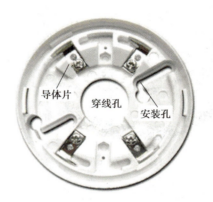

图 2-1-6　底座

c.点型感温探测器与点型感烟探测器外形最大的区别是：点型感温探测器没有进烟窗口（当然也不需要防虫网），如图 2-1-8 所示。

图 2-1-7　探测头

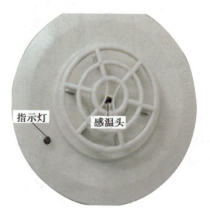

图 2-1-8　点型感温探测器

点型感温探测器也是由底座及探测头组成。其结构如点型感烟探测器。

点型感光探测器的外形与点型感烟探测器、点型感温探测器的外形都不相同,从外看能看到它裸露在外壳处的光敏管,如图 2-1-9 所示。

B.线型火灾报警探测器

a.对射型线型红外光束感烟探测器。主要由发射器(见图 2-1-10)和接收器(见图 2-1-11)两个独立部分组成。

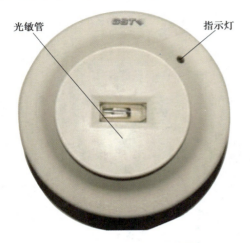

光敏管　指示灯

图 2-1-9　点型感光探测器　　　　图 2-1-10　发射器　　　图 2-1-11　接收器

b.反射型线型红外光束感烟探测器。主要由探头(包含接收器和发射器两部分,见图 2-1-12、图 2-1-13)和反射装置(又称反光板,见图 2-1-14)两个独立部分组成。

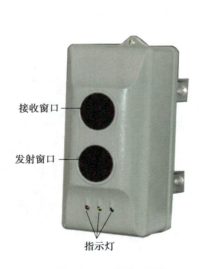

接收窗口

发射窗口

指示灯

图 2-1-12　探头正面

进线孔　底座安装孔　进线孔　底座安装孔

图 2-1-13　探头反面

c.线型感温火灾探测器。主要由转换盒、终端盒和感温电缆组成,如图 2-1-15 所示。

C.可燃气体报警探测器

可燃气体报警探测器一般由传感器、控制器、接头及电源等组成,如图 2-1-16、图 2-1-17 所示。

图 2-1-14 反射装置

图 2-1-15 感温电缆

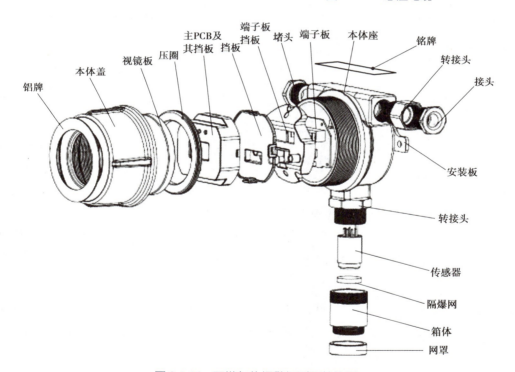

图 2-1-16 可燃气体报警探测器结构图

③火灾报警探测器的工作原理

A.点型感烟火灾探测器

a.点型离子感烟探测器的结构及工作原理。点型离子感烟探测器是由电离室(即传感器)和辅助电路组成的。

● 电离室的工作原理。根据电离室的不同,可分为单源双室(见图 2-1-18)和双源双室

（见图 2-1-19）两种类型。其理论依据都是放射性元素（镅^{241}）电离的离子浓度于进入电离室的烟雾浓度成正比。

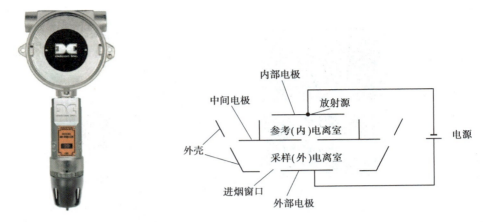

图 2-1-17　可燃气体报警探测器实物图　　图 2-1-18　单源双室电离室结构示意图

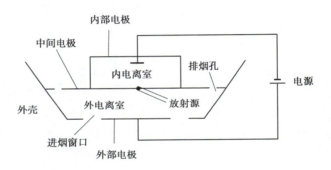

图 2-1-19　双源双室电离室结构示意图

当发生火灾时，烟雾绝大部分通过进烟窗口进入采样（外）电离室，而只有少量烟雾进入参考（内）电离室。这样，就会引起采样（外）电离室的两极板上电压（ΔU）的变化，当 ΔU 达到预定值（即阈值）时，探测器即输出火警信号。

当发生火灾时，烟雾全部通过进烟窗口进入采样（外）电离室，而参考（内）电离室无烟雾进入。这样，就会引起采样（外）电离室的两极板上电压（ΔU）的变化。当 ΔU 达到预定值（即阈值）时，探测器即输出火警信号。

　●辅助电路的工作原理。离子感烟探测器的辅助电路由信号放大电路、检查电路、开关电路确认灯及故障自动检测电路等组成，如图 2-1-20 所示。

　其工作原理是：发生火灾时，电离室就会产生一个电压变化 ΔU，ΔU 经过信号放大电路放大后，送到开关转换电路和参考信号进行比较。当该信号大于预定值时，一方面发出火灾报警信号；另一方面点亮确认灯。同时，故障自动检测电路不停地发出巡检信号。当探测器发生故障（主要有电路断线、探测器安装接触不良以及探测器被偷走等）时，进行"故障"报警。检测电路的作用是可通过主控室的按键（相当于发生了火灾）检查离子感烟探测器的好

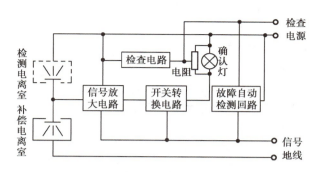

图 2-1-20　离子感烟探测器电路原理框图

坏(否则要对离子感烟探测器喷射烟雾,定期维护探测器是消防部门的一项重要工作)。

b.点型光电感烟探测器由检测室、辅助电路、固定支架及外壳组成。它是对一定频谱区(因燃烧而产生的)红外线、可见光和紫外线敏感的火灾探测器。按照其检测室的结构和原理,可分为遮光型与散射型两种。

●遮光型检测室。它是利用烟雾粒子对光的吸收遮挡作用并通过光电效应实现火灾报警的探测设备。它由电源、发光二极管、光敏二极管、透镜及放大器等组成。遮光型光电感烟探测器的辅助电路分别由脉冲发光电路、信号放大电路、开关转换电路、抗干扰电路、输出电路、稳压电路及指示灯等组成,如图 2-1-21 所示。

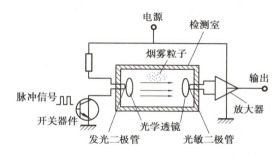

图 2-1-21　遮光型检测室的结构示意图

遮光型检测室的工作原理是指在正常情况下,无烟雾粒子进入检测室,发光二极管发出的光线经过光学透镜的聚焦后照射到光敏二极管上,光敏二极管产生足够强的电信号,探测器不报警。发生火灾时,产生大量的烟雾粒子,当烟雾粒子进入检测室,发光二极管发出的光线经过烟雾的吸收与遮挡,到达光敏二极管的光线强度被大大削弱,光敏二极管只能产生极微弱的电信号,探测器报警。

●散射型检测室。它是利用烟雾粒子对光的散射作用并通过光电效应实现火灾报警的探测设备。它由地址编码器、发光二极管、光敏二极管、发射电路及接收电路等组成。散光型光电感烟探测器的辅助电路分别由振荡电路、发射电路、变换电路、放大滤波比较电路、编码电路及稳压电路等部分组成,如图 2-1-22 所示。

散光型检测室工作原理是指在正常情况下,无烟雾粒子进入检测室,发光二极管发出的光线被挡板阻挡(光线只能做直线运动)照射不到光敏二极管上,光敏二极管不产生电信号,探测器不报警。发生火灾时,产生大量的烟雾粒子,当烟雾粒子进入检测室,发光二极管发出的光线经过烟雾的折射与反射,而到达光敏二极管,光敏二极管就能产生电信号,探测器报警。

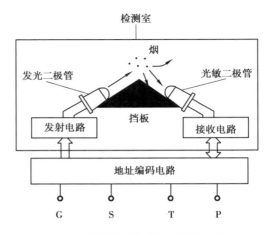

图 2-1-22 散射型检测室的结构示意图

B.点型感温火灾探测器

a.定温火灾探测器。一般由感温元件(传感器)、辅助电路及指示灯等组成。其中,根据感温元件,可分为双金属型、易熔合金型、水银接点型、热敏电阻型及半导体型等。

双金属型包括由不锈钢管与铜合金片组成的双金属感温元件和由碟形双金属片、顶杆及微动开关组成的双金属感温元件两种类型。

• 由不锈钢管与铜合金片组成的双金属感温元件

它由圆筒形不锈钢管、铜合金片、固定端、活动端及调节螺栓等组成。其中,活动端可左右移动,如图 2-1-23 所示。

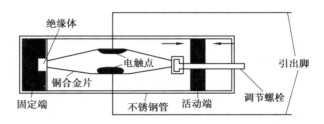

图 2-1-23 双金属感温元件结构示意图

其工作原理是:火灾发生时,不锈钢管受热伸张得快(钢管的膨胀系数比铜合金片的膨胀系数大),而铜合金片受热伸张得慢,故铜合金片被拉直。两电触点触碰到一起而闭合,发出火灾报警信号。旋转调节螺栓时,可改变活动端的位置,从而改变两电触点的距离(就能改变该探测器的阈值)。

• 由碟形双金属片、顶杆及微动开关组成的双金属感温元件

它由集热板、碟形双金属片、顶杆、动触头、静触头及引出端等组成,如图 2-1-24 所示。

其工作原理是:火灾发生时,集热板将温度传递到碟形双金属片上,碟形双金属片受热伸张。由于凹面的金属的膨胀系数比凸面的金属的膨胀系数要大很多,因此,凹面的金

属片受热伸张得快而使双金属片变直,当达到临界点时,碟形双金属片突然翻转,带动顶杆向上运动而触碰到动触头使微动开关(包括动触头、静触头、绝缘子及引出端)闭合,进行火灾报警。

- 易熔合金型感温元件

它由集热板、顶杆、弹簧、动触头、静触头及引出端等组成,如图2-1-25所示。

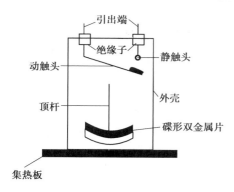

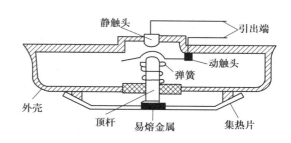

图 2-1-24　双金属感温元件结构示意图　　　图 2-1-25　易熔合金型感温元件结构示意图

其工作原理是:火灾发生时,集热板将温度传递集中到易感金属上,易感金属的温度就会升高,当达到临界温度时,易感金属开始熔化,顶杆将不受约束,在弹簧的作用下,顶杆向上移动而推动动触头与静触头闭合。进行火灾报警。

- 热敏电阻型感温元件

它是由热敏电阻及电阻箱组成的电桥、集成运算放大器,如图2-1-26所示。

其工作原理是:首先通过调整电阻箱(R_P)的阻值使电桥达到平衡,此时无输出。当火灾发生时,热敏电阻(R_T)随着周围环境温度的升高电阻值变小,电桥不再平衡,集成运算放大器的输入端有电信号输入,当输入信号大于某一数值(临界值)时,集成运算放大器输出一个火灾报警信号。

b.差温火灾探测器。适用于火灾发生时温度快速变化(温度上升超过 1 ℃/min)的场所。常用的差温火灾探测器根据感温元件(即传感器)的不同,可分为膜盒式差温探测器、双金属片差温探测器和热敏电阻差温探测器等。其外形与定温式感温探测器一样。

- 膜盒式差温火灾探测器

膜盒式差温火灾探测器主要由动触头、静触头、感热外罩、波纹片、漏气孔、内外空气室及底座等组成,如图2-1-27所示。其中,内室不封闭,可与大气沟通;而外室封闭,仅通过漏气小孔和大气沟通。

其工作原理是:无火灾发生时,外界温度变化缓慢,外室内密闭空气可通过漏气孔缓慢地泄漏出去;内外室气体的压强相等,波纹片保持位置不动,动静触头断开,故不报警。当火灾发生并因火灾使周围温度快速上升时,外室气体的体积因温度变化而急剧膨胀,而漏气孔又无法使气体及时泄漏出去。这样,外室气压就会大于内室气压(因内室和外界相连通,温度急剧变化时,它能及时地将气体排到室外,故内室压力始终保持在一个大气压上),波纹片受压向上移动,带动静触头向上移动而使触点闭合,发出火灾报警信息。

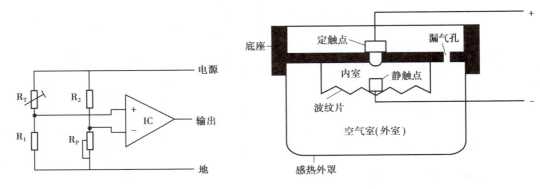

图 2-1-26　热敏电阻型感温元件结构示意图　　　图 2-1-27　膜盒式差温感温探测器结构示意图

- 双金属差温探测器

双金属片式差温探测器主要由双金属片、动触头、静触头、感热外罩、波纹片、漏气孔、内外空气室及底座等组成,如图 2-1-28 所示。

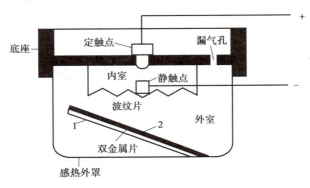

图 2-1-28　双金属片式差温感温探测器结构示意图

其工作原理是:火灾发生时,双金属片受热伸张。其中,合金 1 热膨胀系数大,合金 2 热膨胀系数小,双金属片向上弯曲,此时形成一个由双金属片、波纹片与感温外罩构成的密闭空间。该密闭空间就是差温探测器的外室。

温度上升较慢时,外室里的受热膨胀的气体可通过漏气孔缓慢地泄漏出去,外室与内室压强相等,波纹片不受压,动静触头处于分离状态,不报火警。温度上升较快时,外室里的受热膨胀的气体来不及通过漏气孔泄漏出去,外室比内室压强大,波纹片受压向上移动,动静触头处于闭合状态,报火警。

C.点型感光火灾探测器

根据光敏元件(即传感器)的不同,感光探测器可分为红外感光探测器和紫外感光探测器两大类。

a.红外感光探测器。红外感光探测器主要由过滤装置、透镜系统、红外光敏管(即传感器)及电路部分组成,如图 2-1-29 所示。

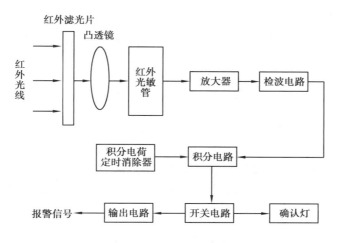

图 2-1-29　红外感光探测器结构框图

其工作原理是:火灾发生时,燃烧产生的辐射光通过红外滤光片进入探测器内部,再经过凸透镜的聚焦投射到红外光敏管上。红外光敏管将光信号转换为电信号,为了防止其他偶然红外干扰信号引起的误动作,红外探测器还增加了一个积分电路,通过给一个相应的响应时间来排除偶然变化的干扰信号。另外,通过转换电路将获取来的模拟信号转换成数字信号,并放大、输出。

b.紫外感光探测器。紫外感光探测器主要由紫外光敏元件(即传感器,见图 2-1-30)和电路部分组成。紫外光敏元件主要由反光环、石英窗口、紫外光敏管(见图 2-1-31)、自检管及屏蔽套等组成。

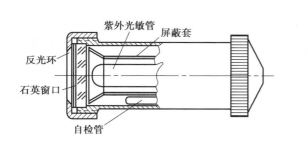

图 2-1-30　紫外光敏元件结构图

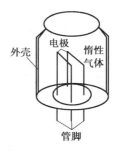

图 2-1-31　紫外光敏管结构示意图

紫外光敏管工作原理是:无火灾发生时,虽然两电极之间电压很高,但由于两极板被惰性气体隔离开来,故两者之间不导通,无报警信号发出。火灾发生时,由于紫外线的作用,惰性气体被电离,而电离后的正、负离子在强电场的作用下被加速,从而使更多的惰性气体分子被电离,于是在极短的时间内,造成"雪崩"式放电过程,此时两电极之间突然导通,发出报警信号。

D.线型火灾报警探测器

常用的主要有线型红外光束感烟探测器与线型感温火灾探测器两种。

a.红外光束感烟探测器。常用的线型红外光束感烟探测器按照光线传播方式的不同,可分为对射型(见图2-1-32)和反射型(见图2-1-33)两种。

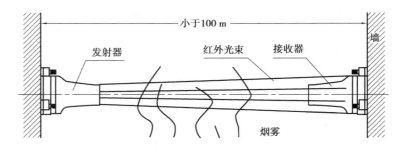

图 2-1-32 对射型线型红外光束感烟探测器工作原理示意图

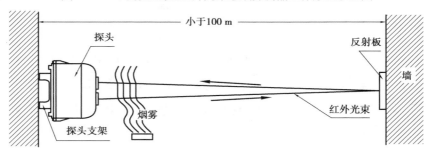

图 2-1-33 反射型线型红外光束感烟探测器工作原理示意图

● 对射型线型红外光束感烟探测器

该探测器由电源、红外发光二极管、红外接收二极管、凸透镜、滤光片、脉冲信号发生器、放大器、转换电路及输出电路等部分组成。

其工作原理是:无火灾发生时,发射器发出的红外光束能无遮挡地传送到接收器上。此时,接收的信号较强,不报火警。火灾发生时,有烟雾粒子扩散到测量区,发射器发出的红外光束被吸收和反射,到达接收器上红外光信号将减弱。当接收的信号减弱到一定程度时,该火灾探测器动作并报火警。

● 反射型线型红外光束感烟探测器

其结构比对射型线型红外光束感烟探测器多出一个反射板。

其工作原理是:无火灾发生时,发射器发出的红外光束经过反射板反射后无遮挡的传送到接收器上。此时,接收的信号较强,不报火警。火灾发生时,有烟雾粒子扩散到测量区,发射器发出的红外光束被吸收和反射,经过反射板反射后,送达接收器上的红外光信号将减弱。当接收的信号减弱到一定程度时,该火灾探测器动作并报火警。

b.线型感温火灾探测器。它主要由转接盒及终端盒(主要由信号采集电路、信号放大转换电路、信号处理电路等电路组成)、温度传感器两部分组成。转接盒及终端盒主要由信号采集电路、信号放大转换电路和信号处理电路等电路组成;温度传感器由感温电缆(见图2-1-34)组成。

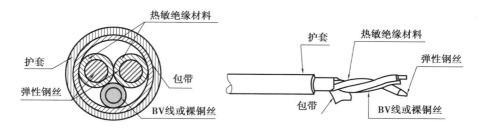

图2-1-34　感温电缆结构示意图

感温电缆的工作原理是:通常将两根同芯的钢丝用热敏绝缘材料隔离起来。正常工作状态,两根钢丝之间呈现高电阻状态,无信号输出,不报火警;发生火灾时,周围环境温度升高到超过规定值时,该处的热敏绝缘材料受热熔化,造成两导体(钢丝)之间短路或热敏绝缘材料阻抗发生变化(呈现低电阻状态),从而发出火灾报警信号。

线型感温火灾探测器的工作原理是:发生火灾时,感温电缆将该温度(变化)信号转换成电信号,采集电路获取到该信号后,通过信号放大转换电路的放大和转换(将模拟信号转换成数字信号),送给信号处理电路进行对比、分析与判断,决定是否发出火灾报警。

E.可燃气体报警探测器

可燃气体探测器的主要组成部分是敏感元件。敏感元件根据组成材料的不同,又可分为金属氧化物半导体元件和催化燃烧元件两类。

a.金属氧化物半导体元件。

它由热元件、特殊处理的半导体和电源组成,如图2-1-35所示。

其工作原理是:首先由电源给热元件通电,让探测器内部达到200~300 ℃的高温。然后泄漏的可燃气体通过进气孔进入探测器内,在催化剂的作用下,与半导体表面的金属氧化物发生化学反应,从而使该半导体的导电能力大大增强。当浓度达到一定值时,该半导体突然导通,发出可燃气体泄漏的报警信号。

当泄漏的可燃气体被清除后,在高温作用下,该半导体表面的金属再次被氧化,半导体呈现高电阻状态,报警信号解除。

b.催化燃烧元件

它主要由一个惰性小珠和一个活性小珠组成,如图 2-1-36 所示。

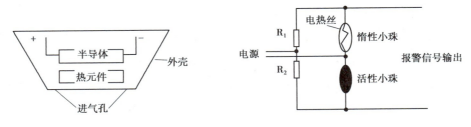

图 2-1-35　半导体敏感元件结构示意图　　　图 2-1-36　催化型敏感硬件结构示意图

其工作原理是:活性小珠是一个内部装有金属铂丝和催化剂的多孔陶瓷小珠,它与惰性小珠靠在一起。无可燃气体泄漏时,由于电桥平衡,故无报警信号输出。有可燃气体泄漏时,在高温状态下,活性小珠内的铂丝在催化剂及可燃气体的共同作用下,而发生氧化反应(即无氧燃烧),进而造成铂丝的电阻增大。电桥不再平衡,故发出报警信号。

2)防盗报警探测器简介

防盗报警探测器是防盗报警系统的一个主要组成部分,是防盗报警系统的前哨。它一般由传感器、前置信号处理器组成,如图 2-1-37 所示。前置信号处理器又由放大器和转换输出电路两部分组成。其中,传感器为核心元件。

图 2-1-37　防盗报警探测器框图

防盗报警探测器按照不同的分类方法,又可分为多种类型。

按传感器工作方式不同,防盗报警探测器可分为主动式防盗报警探测器和被动式防盗报警探测器。主动式防盗报警探测器包括超声波式、主动红外式和微波式等。被动式防盗报警探测器包括被动红外式和振动式等。

按传感器物理量的不同,防盗报警探测器可分为开关类防盗报警探测器、振动防盗报警探测器、声音防盗报警探测器、超声波防盗报警探测器、红外线防盗报警探测器、微波防盗报警探测器、激光防盗报警探测器及电场防盗报警探测器等。

按传感器传输信道不同,防盗报警探测器可分为有线式防盗报警探测器和无线式防盗报警探测器。

按传感器防范范围不同,防盗报警探测器可分为周界防范防盗报警探测器和室内防范防盗报警探测器。而室内防范防盗报警探测器又可分为点防范、线防范、面防范及空间防范等防盗报警方式。

①防盗报警探测器的结构及各部分作用

A.室内防盗报警探测器

a.门磁属于开关类探测器。它主要用于建筑物的出入口,当出入口状态发生变化(如由开变关或由关变开)时触发报警。它主要由磁铁、干簧管(外加塑料装封)、控制电路及报警装置组成。根据干簧管平时的状态,可分为常开式门磁开关和常闭式门磁开关两类。

b.微波移动报警探测器。它是利用多普勒效应对探测区域内移动的物体进行探测,具有探测范围小、对移动物体敏感及稳定性好的特点。它主要由探头和控制电路两部分组成。

c.被动式红外报警探测器。它是最常用的防盗报警探测器,是依靠接收侵入(布防区域)者身上所发出的红外辐射来进行报警的。它主要由红外探头和报警控制部分组成。

d.超声波报警探测器利用多普勒原理制作而成。它具有探测范围小、穿透能力弱、对移动物体敏感的特点。超声波探测器由发射传感器、接收传感器和电子电路组成。

B.周界防盗报警探测器

主动式红外报警探测器为最常用的周界报警探测器。它一般由收发装置组成。当有入侵布防区域时,遮断收发装置之间的红外光束而发出报警信号。

②防盗报警探测器识别

a.门磁开关主要安装在建筑物的门、窗上,通常又称门磁(或窗磁)。因为它结构简单、价格低廉,所以它的应用非常广泛。使用时,一般是将磁铁安装在门、窗的活动部分;将干簧管安装在门、窗的固定部分,并且磁铁(见图2-1-38)和干簧管(见图2-1-39)在位置上需要保持适当的距离。

图2-1-38　磁铁部分

图2-1-39　干簧管部分

b.微波移动报警探测器安装于房间内部且避免有小动物的场所,如图2-1-40所示。

c.被动式红外报警探测器主要用于室内,是最常用的防盗报警探测器。安装时,避免对着空调出风口、热力管道等场所,如图2-1-41、图2-1-42所示。

d.超声波报警探测器安装于房间内部,避免安装在对着门、窗的位置,如图2-1-43所示。

图 2-1-40　微波移动探测器　　　　　　　　图 2-1-41　有线红外探测器（被动式）

图 2-1-42　无线红外探测器（被动式）　　　　图 2-1-43　超声波探测器

　　e.主动式红外报警探测器主要用于周界防范,安装于小区或别墅的围墙或栅栏上,如图 2-1-44、图 2-1-45 所示。

图 2-1-44　红外对射报警探测器　　　　　　图 2-1-45　红外栅栏报警探测器

　　③防盗报警探测器的工作原理

　　a.常开式防盗报警探测器的工作原理是:当门、窗未打开之前,干簧管在磁铁的磁场中,干簧管的触点闭合,报警装置不报警;门、窗打开后,磁铁远离干簧管,干簧管触点断开,产生报警信号,报警装置报警,如图 2-1-46 所示。

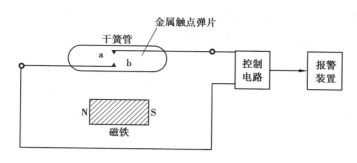

图 2-1-46 磁控开关原理框图

b.微波移动报警器的工作原理是：当布防区域有入侵者移动时,微波探头发出的微波信号频率就会因为入侵者的移动而发生变化(多普勒效应),即微波振荡器产生固定频率 f_0 的信号经过发射探头发射,当布防区域无移动物体时,反射回来的信号经接收探头接收,经混频器不产生差频信号,无报警信号输出。当布防区域有入侵者移动时,接收的信号不再是 f_0 而是 $f_0 \pm f_d$(f_d 为移动物体产生的附加频率)混频器产生的差频信号 f_d 经过放大后输出,报警器报警,如图2-1-47所示。

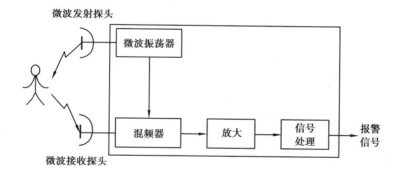

图 2-1-47 微波移动报警器原理框图

c.被动式红外报警探测器的工作原理是：任何有温度的物体都会不停地向周围发射红外线,当布防区域有入侵者进入时,入侵者身体发出的波长为 8~12 μm 的红外线被红外探头接收转变为电信号,又因入侵者的移动又会引起红外探头上电信号的变化,当这两者同时具备时,经过逻辑分析、判断后,信号传送给报警控制器报警,如图 2-1-48 所示。

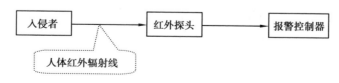

图 2-1-48 被动红外报警器原理框图

d.超声波防盗报警探测器的工作原理是：无运动目标时,发射传感器发出频率为 f_0 的信号,经过室内墙壁的反射,传入接收传感器的仍然是频率为 f_0 的信号。该信号经过分析、比较与处理后,不发出报警信号。

有运动目标时,发射传感器发出频率为 f_0 的信号,经过室内墙壁的反射,传入接收传感器的信号频率改变为 f_d,即产生了多普勒频率信号。该信号经过分析、比较与处理后,发出报警信号,声光报警器发出声、光报警信号,如图 2-1-49 所示。

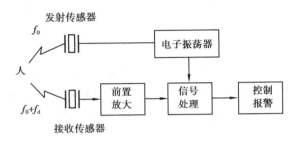

图 2-1-49 超声波探测器原理框图

e.主动红外防盗报警探测器的工作原理是:当有入侵者翻越围墙、栅栏时,红外发射装置发出的红外光束被阻挡,红外接收装置接收不到红外光束,从而推动报警控制器报警,如图2-1-50所示。

图 2-1-50 主动红外报警探测器原理框图

(2)常用探测器施工工具的识别

1)安装工具

①手枪钻

手枪钻是在安装物表面钻孔的工具。它主要用于金属、塑料工件上及砖墙上的钻孔,如图 2-1-51 所示。

②电锤

电锤是在安装物表面钻孔的工具。它主要用于混凝土及砖石墙面上的钻孔、开槽等操作,如图 2-1-52 所示。

③螺钉旋具

螺钉旋具是用于紧固或拆卸螺钉的工具。按头部形状的不同,可分为一字形(见图2-1-53)和十字形(见图 2-1-54)两种。

图 2-1-51　手枪钻

图 2-1-52　电锤

图 2-1-53　一字形

图 2-1-54　十字形

④活扳手

活扳手是用于紧固或拆卸螺母的工具。它由头部和手柄两个部分组成,如图 2-1-55 所示。

图 2-1-55　活扳手

2）测量、划线工具

①直尺

直尺是用于测量设备安装位置、划线定位的工具,如图 2-1-56 所示。

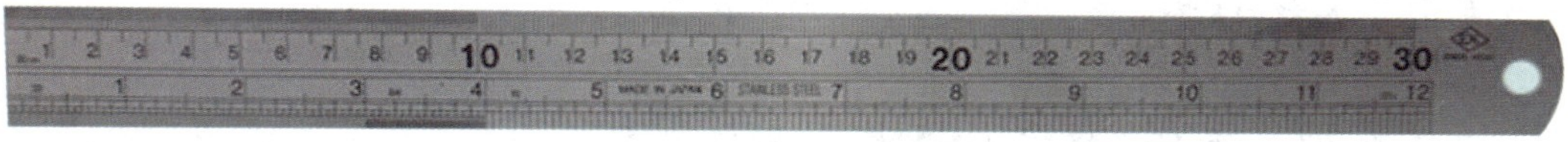

图 2-1-56　钢直尺

②卷尺

卷尺是用于测量的工具,如图 2-1-57 所示。

③墨斗

墨斗是常用的划线工具。它一般由墨盒和墨线组成,如图 2-1-58 所示。

图 2-1-57 卷尺

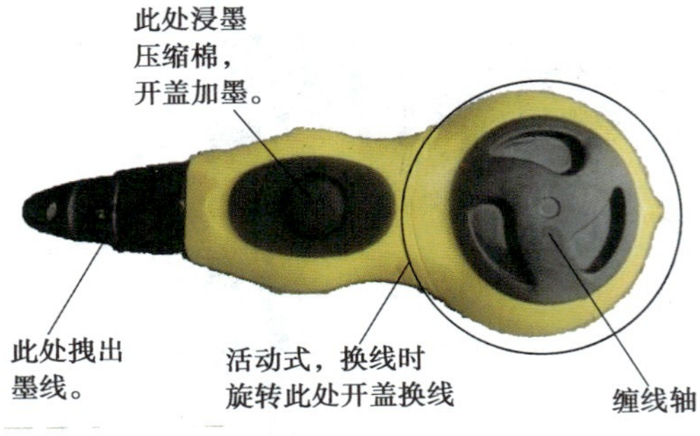

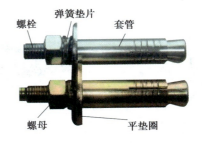

此处浸墨压缩棉，开盖加墨。

此处拽出墨线。

活动式，换线时旋转此处开盖换线

缠线轴

图 2-1-58 墨斗

3）固定元件

①膨胀螺栓。一般用于强度低的基体上，孔的直径比膨胀螺栓的直径大 1 mm 左右，如图 2-1-59 所示。

②膨胀螺管如图 2-1-60 所示，木螺钉如图 2-1-61 所示。

螺栓 弹簧垫片 套管

螺母 平垫圈

图 2-1-59 膨胀螺栓

图 2-1-60 膨胀螺管

图 2-1-61 木螺钉

活动 2 探测器的安装与调试

 学习目标

1.学会根据使用场所选择探测器的种类、数量、型号等。

2.掌握国家相关法规及强制性标准。

3.会安装各类探测器。

本活动包括探测器的选用、探测器的安装固定、探测器的接线及探测器的调试运行等内容。

学习过程

（1）探测器的选用

1）相关法规

①火灾报警探测器（强制标准）安装要求

a.在有梁的顶棚上设置感烟探测器、感温探测器时,应符合下列规定:

● 当梁凸出顶棚的高度小于 200 mm 时,可不计梁对探测器保护面积的影响。

● 当梁凸出顶棚的高度为 200~600 mm 时,应按有关规范确定梁对探测器保护面积的影响和一只探测器能够保护的梁间区域的个数。

● 当梁凸出顶棚的高超过 600 mm 时,被梁隔断的每个梁间区域至少应设置一只探测器。

● 当被梁隔断的区域面积超过一只探测器的保护面积时,被隔断的区域应按有关规定计算探测器的设置数量。

● 当梁间净距小于 1 m 时,可不计梁对探测器保护面积的影响。

b.在宽度小于 3 m 的内走道顶棚上设置探测器时,宜居中布置。感温探测器的安装间距不应超过 10 m;感烟探测器的安装间距不应超过 15 m;探测器至端墙的距离,不应大于探测器安装间距的1/2。

c.探测器至墙壁、梁边的水平距离,不应小于 0.5 m。

d.探测器周围 0.5 m 内,不应有遮挡物。

e.房间被书架、设备或隔断等分隔,其顶部至顶棚或梁的距离小于房间净高的5%时,每个被隔开的部分至少应安装一只探测器。

f.探测器至空调送风口边的水平距离不应小于 1.5 m,并宜接近回风口安装,探测器至多孔送风顶棚孔口的水平距离不应小于 0.5 m。

②防盗报警探测器目前没有统一的国家标准（即没有强制性标准）。

2）探测器的选择

①火灾报警探测器的选择

A.总原则

在尽量节省火灾报警探测器数量的基础上,做到防范区域范围内无死角,保障火灾报警探测器的类型满足"杜绝漏报,减少误报"的要求。

B.选择步骤

a.根据火灾特点、环境条件及安装场所选择探测器的类型,见表2-2-1。

表 2-2-1　探测器适用情况表

条件\n探测器	适用阶段	适用场所	不适用场所	实　例
感烟探测器	前期、早期	燃烧时产生大量烟、少量热和少量光的场所	1.平时存在大量粉尘及水蒸气的场所\n2.风速过大的场所	适用于探测棉、麻织品
感温探测器	早期、中期	平时存在大量粉尘及水蒸气的场所	1.可能产生阴燃的场所\n2.风速过大的场所	适用于会议室、厨房等
感光探测器	早期	1.燃烧时产生少量烟和热\n2.可用于风速较大的场所	燃烧时有大量烟雾产生的场所	适用于轻金属的燃烧

b.根据房间的高度选择探测器的类型,见表 2-2-2。

表 2-2-2　根据房间高度选择探测器

房间高度 h/m	感烟探测器	感温探测器			感光探测器
		一级（62 ℃）	二级（70 ℃）	三级（78 ℃）	
$12<h\leqslant20$	不适合	不适合	不适合	不适合	适合
$8<h\leqslant12$	适合	不适合	不适合	不适合	适合
$6<h\leqslant8$	适合	适合	不适合	不适合	适合
$4<h\leqslant6$	适合	适合	适合	不适合	适合
$h\leqslant4$	适合	适合	适合	适合	适合

c.根据探测区域的面积及保护对象选择探测器的数量。

d.如果探测区域高度较高、空间较大可采用线型火灾报警探测器。

②防盗报警探测器的选择

A.总原则

在经济许可的情况下,最大限度地实现产品的设计功能,并尽量地减少漏报和误报。

B.选择步骤

a.根据使用场所,选择功能合适的探测器。家庭一般以红外探测器为主,双鉴探测器(注:通常是指将探测机理不同的两个传感器组合在一起的探测器,常用的有声音-次声波双鉴探测器、微波-超声波探测器、超声波-被动红外探测器等)为辅。

商业用途的场所一般以双鉴探测器为主,红外探测器为辅。

b.根据房间高度,选择合适安装方式的探测器。

按安装方式,探测器可分为壁挂安装方式和吸顶安装方式两种,见表2-2-3。

表 2-2-3　探测器按安装方式分类

房间高度	4 m 以下	4~6 m
探测器的种类	壁挂式探测器	吸顶式探测器

根据房间大小,选择合适探测空间的探测器,见表2-2-4。

表 2-2-4　根据房间大小选择合适探测空间的探测器

房间的属性	家庭用户	教室、实验室、教研室
探测器的种类	8 m,10 m,12 m 探测范围的壁挂式探测器	15 m,25 m 探测范围的壁挂式探测器

3)探测器的安装

①火灾报警探测器

A.点型火灾报警探测器的安装

点型火灾探测器安装步骤如下:

a.安装流程如图2-2-1所示。

b.点型探测器布置要求:

● 探测器适宜水平安装,当必须倾斜安装时倾斜角不应大于45°。

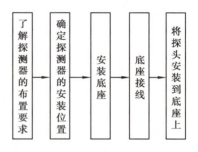

图 2-2-1　探测器安装流程图

● 探测器的底座应固定牢靠,其导线连接必须可靠压接或焊接,当采用焊接时,不得使用带腐蚀性的助焊剂。

● 同一工程中的导线,应根据不同用途选不同颜色加以区分,相同用途的导线颜色应一致。电源线正极应为红色,负极应为蓝色或黑色。

● 探测器底座的外接导线,应留有不小于15 cm的余量,入端处应有明显标志。

● 探测器底座的穿线孔适宜封堵,安装完毕后的探测器底座应采取保护措施。

● 探测器的确认灯,应面向便于人员观察的主要入口方向。

● 探测器在即将调试时,方可安装。在安装前,应妥善保管,并应采取防尘、防潮和防腐蚀措施。

c.点型探测器的安装方式。

探测器常见的安装方式有埋入式接线盒(预埋盒)安装方式和吊顶下安装方式等。其中,埋入式接线盒安装方式是指在土建工程时已经将预埋盒、布线管等预先安放好,然后再将电线穿过线管,并进入预埋盒,最后将电线连接到探测器的底座上,并将探头旋接在底座上,如图 2-2-2 所示。

埋入式接线盒安装效果示意图,如图 2-2-3 所示。

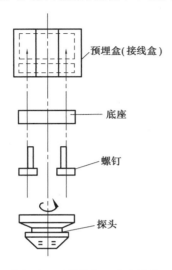

图 2-2-2　预埋盒、底座探头

安装位置关系示意图

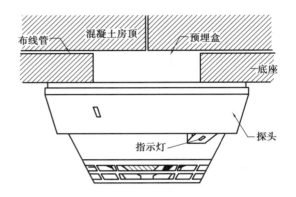

图 2-2-3　埋入式接线盒安装效果示意图

吊顶下安装方式是指在有吊顶的房间内,将探测器的底座安装在吊顶上的安装方式。其安装步骤如下:首先将接线盒安装在吊顶内或龙骨上,然后将探测器的底座固定在接线盒上,最后将探头旋入底座上,如图 2-2-4 所示。

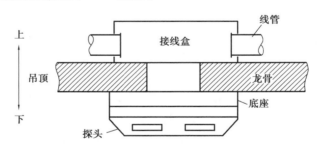

图 2-2-4　吊顶下安装示意图

B.线型火灾报警探测器的安装

a.线型感温火灾探测器的安装。探测器与被保护对象之间的布置方式一般可采用接触式、悬挂式和穿越式 3 种。其中,接触式又可采用正弦波平铺、环绕或直线铺设等方式,使热敏电缆与被保护对象有尽可能多的接触面积,增加系统的可靠性。悬挂式将热敏电缆用固定支架悬挂在被保护对象的周围,用于在被保护对象发生火灾使其周围温度升高时的火灾报警。穿越式是在保护易燃堆垛如纸张、棉花、粮食等堆垛时,将热敏电缆直接穿过堆垛内部,或在其内部用支架固定后以任意方式铺设在堆垛内部。

安装流程如图2-2-5所示。

正弦波平铺式安装如图2-2-6所示。

b.红外光束感烟探测器的安装。红外光束感烟探测器有对射型和反射型两种。其中,反射型使用较

图2-2-5　安装流程图

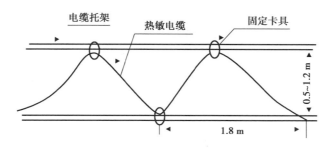

图2-2-6　正弦波平铺式安装

为普遍。

● 安装要求。无论是安装探测器还是反射器,必须保证安装墙壁坚硬平滑,探测器垂直墙壁安装。

不宜安装在下列场所:

➤天棚高度超过40 m的场所。

➤天棚未封顶的场所。

➤空间高度小于1.5 m的场所。

➤存在大量灰尘、干粉或水蒸气的场所。

➤探测器安装墙壁或固定物受周围机械振动干扰较大的场所。

➤距离探测器光路1 m范围内有固定或移动物体的场所;有强磁场的场所。

● 安装步骤:将探测器(发射部分)与反射器相对安装在保护空间的两端且在同一水平直线上,如图2-2-7所示。

红外光束感烟探测器(发射部分)采用明装和暗装。其安装方式有两种:穿线管预埋和穿线管明装。暗装时,穿线管要预埋;明装时,穿线管要明装在建筑物表面外。

穿线管预埋:

➤取下探测器上盖。

➤以预埋盒为中心,将探测器底盘紧贴于墙壁上,在对应探测器安装孔的位置做上记号。

➤在墙壁上已做好记号的位置打孔,并在所打的孔内安装 $\phi6$ 的塑料胀钉。

➤将线从探测器底盘进线孔穿入,穿入部分的长度要便于探测器接线。

➤用两个塑料胀钉及两个平垫圈将探测器底盘牢固的固定在墙壁上,如图2-2-8所示。

穿线管明装:

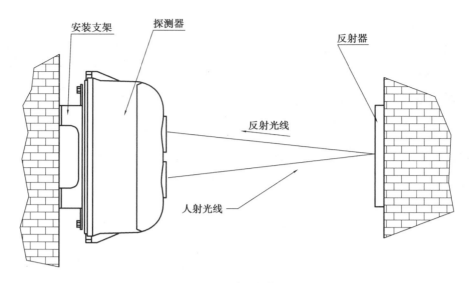

图 2-2-7　探测器安装示意图

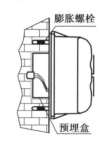

图 2-2-8　穿线管预埋安装示意图

前 4 步同上。

最后一步是用两只 M4×10 螺钉及两个平垫圈将探测器底盘固定在支架上,如图 2-2-9 所示。

●安装反射器:反射器应安装在与探测器相对面、处于同一水平面的位置上。当探测器与反射器间的安装距离大于等于 8 m(小于等于 40 m)时,需安装 1 块反射器,如图 2-2-10 所示。当探测器与反射器间的安装距离大于 40 m(小于等于 100 m)时,需安装 4 块反射器。单块反射器安装需用两只 φ6 塑料胀钉将其固定。

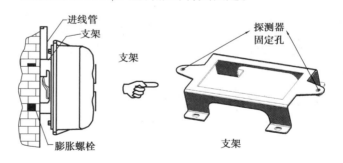

图 2-2-9　穿线管明装安装示意图

C.可燃气体报警探测器的安装

a.安装要求。探测器安装位置应选在潜在泄漏点或气体聚积处,建议安装在可能有可燃性气体泄漏的地点处 1 m 范围内(视气体种类或高或低),这样探头实际反应速度较快。仪器的安装位置还应综合考虑空气流动的速度、方向、潜在泄漏源的相对位置以及通风条件而定,并便于维护和保养。注意:禁止将探测器直接安装在热源或振动源上。

b.安装方法。探测器安装时,气体传感器应朝下,避免灰尘或水滴在传感器上堆积或进入传感器内,通常应记录探测器的安装位置。调节安装支架,将探测器固定到墙壁上,或直径为 50～80 mm 的水平或垂直立柱上。

c.具体步骤如下:

● 确定探测器安装位置,并画出安装孔的位置。

● 用电钻钻孔,并放入膨胀螺栓。

● 将探测器安装支架固定在建筑物上。

● 取下探测器的安装 U 形卡环。

● 松开安装支架上的螺钉。

● 调节合适的安装支架的方向,将 U 形卡环插入立柱。

● 紧固支架上的锁紧螺钉。

● 紧固 U 形卡环的锁紧螺钉。

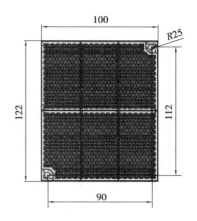

图 2-2-10　单块反射板安装示意图

d.安装方式:可燃气体报警探测器按照安装方式,可分为壁挂式(见图 2-2-11)、吸顶式(见图 2-2-12)、垂直挂管式(见图 2-2-13)及水平挂管式(见图 2-2-14)。

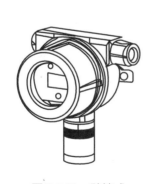

图 2-2-11　壁挂式

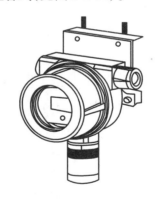

图 2-2-12　吸顶式

②防盗报警探测器

A.安装总原则

a.要注意管线安装的隐蔽性(一般采用预埋的方式)。

b.规划好正确的安装位置。壁挂式探测器安装高度一般为 1.8～2.5 m,探测器要垂直地面安装,并且与墙面成 10°～45°。吸顶式探测器安装高度一般在 4.0 m 以上。

尽量远离空调、风扇、暖气设备安装,探测器安装位置不要正对出入口。

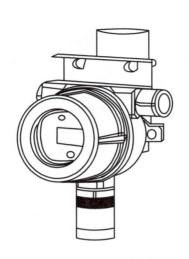

图 2-2-13　垂直挂管式

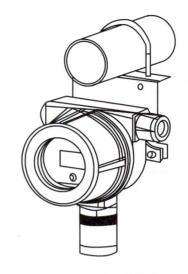

图 2-2-14　水平挂管式

c.探测器一定要加装支架(这样调试起来方便,使用起来安全)。

d.一定要接驳上防拆开关。

防拆开关是安装在探测器外壳内的微动开关,平时受外壳挤压处于断开状态;当有人擅自拆卸探测器外壳时,微动开关弹起接通电路报警。

这样可防止系统"撤防"时有人对防盗报警探测器"动手脚"。

e.预留接驳电缆的长度一定要合适。

B.点型探测器安装

a.门磁的安装。安装时,一般是将磁铁安装在门、窗的活动部分;将干簧管安装在门、窗的固定部分,并且磁铁和干簧管在位置上需要保持适当的距离,如图 2-2-15 所示。

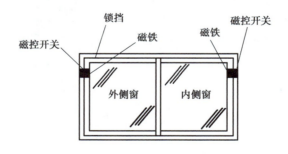

图 2-2-15　磁铁和干簧管的安装位置

在安装使用时,应注意的事项:

- 干簧管应安装在门、窗的固定部分,以防止强烈碰撞时破裂。

- 磁控开关不适宜安装在有磁性的金属门、窗上。

- 系统布线要尽量隐秘,接点要牢固可靠。

安装流程如图2-2-16所示。

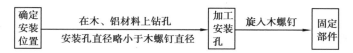

图 2-2-16 安装流程图

b.其他(红外、微波、超声波)探测器的安装。探测器按照安装位置的不同,可分为吸顶式(见图2-2-17)和壁挂式(见图2-2-18)两种。

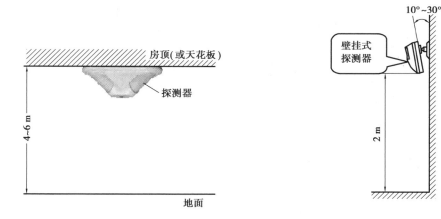

图 2-2-17 吸顶安装位置示意图

图 2-2-18 壁挂安装位置示意图

其安装要求是:吸顶式探测器一般安装在房顶或天花板上,尽量安装在被探测区域的中央位置,并且远离空调出风口和日光灯等干扰源。安装壁挂式探测器时,应注意使探测器对准房间内(注意探头尽量不对准大门口),并避免阳光的直射和反射引起的错报。同时,探测器安装的位置应在入侵者可能横向穿越红外辐射区的地方。其安装的高度可选择为1.6~2 m。

安装流程如图2-2-19所示。

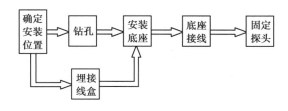

图 2-2-19 安装流程图

C.线型探测器的安装

a.红外对射探测器的安装。安装位置及要求如下:

• 设置在围墙上的探测器,其主要功能是防备人为的恶意翻越。顶上安装和侧面安装两种均可。

- 探测器一定要安装在支架上，并成对出现。
- 探测器安装时，一定要对齐、对正，不允许有偏差，如图 2-2-20 所示。

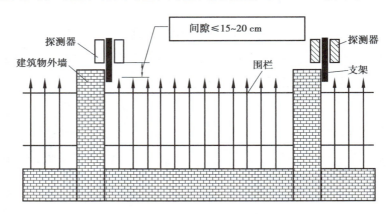

图 2-2-20　红外对射探测器安装位置示意图

安装流程如图 2-2-21 所示。

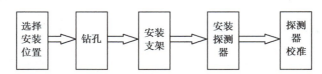

图 2-2-21　安装流程图

图 2-2-22　红外栅栏安装位置图

b.红外栅栏的安装。

红外栅栏探测器适用于安装在门窗、阳台等场所，如图 2-2-22 所示。

安装布置要求如下：

- 固定预埋盒（发射器和接收器高度要保持一致）。
- 将发射器和接收器分别固定在预埋盒上。
- 连接线路。
- 接完线后，将栅栏用螺钉固定到预埋盒上。

4）探测器的接线

①点型火灾报警探测器的接线

A.接线要求。

总线（BUS）采用 RVS-2×1.0 mm² 或 1.5 mm² 导线；穿金属管（或线槽）或阻燃 PVC 管敷设。

B.接线方法。

编码火灾报警探测器可直接连接在总线上，如图 2-2-23 所示；非编码火灾报警探测器要通过模块(输入、输出)后在连接到总线上,如图 2-2-24 所示。

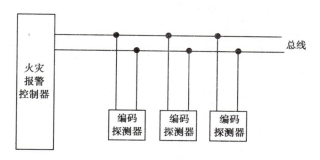

图 2-2-23 编码火灾报警探测器的连接示意图

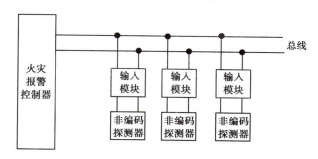

图 2-2-24 非编码火灾报警探测器的连接示意图

②防盗报警探测器的接线

A.门磁报警开关的接线

其接线方法如图 2-2-25 所示。

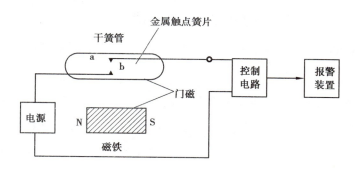

图 2-2-25 门磁接线

B.被动红外防盗报警探测器的接线

端子示意图如图 2-2-26 所示。

其中,接线端子 1,2 接防拆开关(常闭触头);接线端子 3,4 接内部电源(3 接正极,4 接负极);接线端子 5,6 接警报器(即声、光警报设备)。

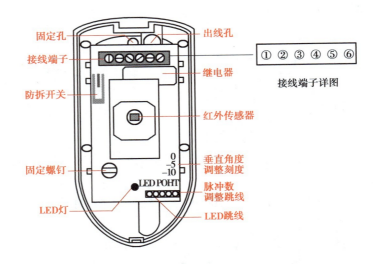

图 2-2-26　被动红外探测器接线端子示意图

C.红外对射防盗报警探测器的接线

接线端子如图 2-2-27 所示。

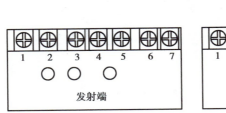
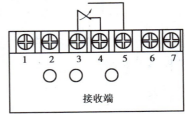

图 2-2-27　红外对射接线端子示意图

● 发射端接线端子说明:接线端子 1,2 接内部电源(1 接正极,2 接负极);接端子 3,4 接防拆开关。

● 接收端接线端子说明:接线端子 1,2 接内部电源(1 接正极,2 接负极);接线端子 3,4,5 接警报驱动设备(3 为公共端,4 为常闭,5 为常开);接线端子 6,7 接防拆开关。

注:防拆开关的作用是防止人为破坏防盗报警探测器。当有人擅自拆卸防盗报警探测器外壳时,微动开关就弹起接通电路报警。这样,可防止系统"撤防"时有人对防盗报警探测器"动手脚"。

5)部分探测器的调测

①火灾报警探测器的调测

A.探测器状态测试

a.测试内容:

● 注册:确认安装与布线正确后,通过控制器在线注册,核对已安装的探测器数量与控制器注册到的探测器数量是否一致。

● 模拟火警:注册后,任选一探测器,人为使它满足火警条件,检验探测器是否正常报火警。

b.探测器安装结束后或每次定期维护保养后,都必须进行测试;正常工作情况下,半年测试一次。

c.测试结束后,通过控制器发出通信命令使探测器复位,并通知相关部门恢复系统正常工作。

d.测试中发现有问题的探测器要进行"维护保养"或更换。

注意:待所有探测器全部安装完毕后,才能接通电源。首次测试时,要取下探测器的防尘罩;测试完成后正常运行前,应重新安装好防尘罩,防止灰尘进入。

B.探测器连接情况测试

探测器指示灯不停闪烁说明连接正常,指示灯不亮(即熄灭)说明有故障(包括线路连接问题和探测器质量问题)。指示灯常亮说明有火警。

C.探测器调试

探测器调试包括探测器位置的调整、探测器灵敏度的设置等内容。红外光束感烟探测器调试时,要用一物体遮断光束,然后观察控制器报警情况,一直到发射器与接收器位置合适为止。

②防盗报警探测器的调测

A.被动红外探测器的测量与调试

a.步测:

● 给装置通电。装置通电后,至少等2 min,再开始步测。

● 全方位步测,以确定探测区。

● 旋转透镜,探测区可调±0.15°。

b.其他测量。步测完成后,将万用表的量测选为直流3 V挡,万用表的两表笔分别接在探测器"白色""红色"两线上。观察背景噪声(至少观察3 min)对输出信号的影响(即万用表指针漂移情况)。如果影响过大,应设法消除(即调整探测器或屏蔽受影响的防区),如图2-2-28所示。

B.红外对射探测器的调试

a.判别线路连接情况方法(探测器接通电源):

● 发射器接通电源后,红色指示灯一直亮,表明发射器部分工作正常;反之,有故障。

• 接收器接通电源后,接收到发射器的光束后,绿色指示灯一直亮,表明接收器部分工作正常;反之,有故障。

b.发射器与接收器的对准调试。

对准时,接收器上的指示灯则常亮;当发射器与接收器对不准或两者距离太远时,接收器上的指示灯则不停地闪亮。

c.进行灵敏度的调试(灵敏度调试采用拨动开关,见图2-2-29)。

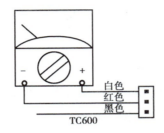
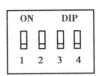

图 2-2-28　测试接线图　　　　　　图 2-2-29　拨动开关示意图

d.模拟测试。完成上述调试后,用物体将红外发射光束遮断,观察接收器的绿色指示灯。绿色指示灯熄灭,安装正确;绿色指示灯还亮,错误。

(2)完工验收

完工验收包括质量验收和资料验收。

1)质量验收内容

①清理、清扫施工场所,保持环境卫生。

②探测器安装要美观、安全、牢固;安装螺钉要紧固。

③采用线管配线时,管内导线的截面积与根数要满足规定要求。

④采用线槽配线时,槽内导线要理顺,绑扎成束。

⑤不同电压等级的电路应分开敷设。

2)资料验收内容:收集下列资料。

①绝缘导线与探测器产品出厂合格证,探测器使用说明书等。

②探测器安装预检、自检、互检记录。

③设计变更、洽商记录,施工图、竣工图。

④分项工程质量检验评定记录(借用槽板配线表)。

⑤电气绝缘电阻记录。

⑥探测器调试记录单。

活动 3　汇报与评价

（1）学习汇报

以小组为单位,选择实物、展板及文稿的方式,向全班展示、汇报学习成果。其内容如下:

①常用工具的作用和正确使用方法。

②探测器的安装方法和步骤。

③探测器的调试方法。

④展示人员分配架构图,说明每位学生在加工过程中所起到的作用。

（2）综合评价

综合评价见表2-3-1。

表 2-3-1　综合评价表

评价项目	评价内容	评价标准	评价方式		
			自我评价	小组评价	教师评价
职业素养	安全意识责任意识	1.作风严谨,遵章守纪,出色地完成任务 2.遵章守纪,较好地完成任务 3.遵章守纪,未能完成任务或虽然完成任务但操作不规范 4.不遵守规章制度,且不能完成任务			
	学习态度	1.积极参与教学活动,全勤 2.缺勤达到本任务总学时的5% 3.缺勤达到本任务总学时的10% 4.缺勤达到本任务总学时的15%			
	团队合作	1.与同学协作融洽,团队合作意识强 2.与同学能沟通,团队合作能力较强 3.与同学能沟通,团队合作能力一般 4.与同学沟通困难,协作工作能力较差			

续表

评价项目	评价内容	评价标准	评价方式		
			自我评价	小组评价	教师评价
专业能力	正确使用工具	1.熟练使用工具,工作完成后能清理现场 2.熟练使用工具,工作完成后未能清理现场 3.不能熟练使用工具,工作完成后能清理现场 4.不会使用工具,工作完成后未能清理现场			
	工件加工	1.按时完成加工任务,操作步骤正确,工件美观、完整 2.按时完成加工任务,操作步骤正确,工件完成质量较差 3.按时完成加工任务,操作步骤不正确,工件完成质量较差 4.未按时完成加工任务			
	专业常识	1.按时、完整地完成工作页,问题回答正确 2.按时、完整地完成工作页,问题回答基本正确 3.不能完整地完成工作页,问题回答错误较多 4.未完成工作页			
创新能力		学习过程中提出具有创新性、可行性的建议	加分奖励:		
学生姓名		综合评价			
指导教师		日期			

工作页

小组人员分配清单见表 2-3-2。

表 2-3-2　人员分配表

序　号	姓　名	角　色	在小组中的作用	小组评价
1				
2				
3				
4				
5				

材料识别工作页见表 2-3-3。

表 2-3-3　材料清单

名　称	种　类	组成部分	适用场所	不适用场所	图　片
点型感烟火灾探测器					
点型感温火灾探测器					
点型感光火灾探测器					
线型火灾探测器					
红外防盗探测器					
可燃气体探测器					
微波防盗探测器					
超声波防盗探测器					

工具识别工作页见表 2-3-4。

表 2-3-4　工具清单

名　称	作　用	结　构	使用要求	注意事项
螺钉旋具				
手枪钻				
电锤				
墨斗				

1)在实训板上安装、连接、调试火灾报警探测器

①元件布置图如图 2-3-1 所示。

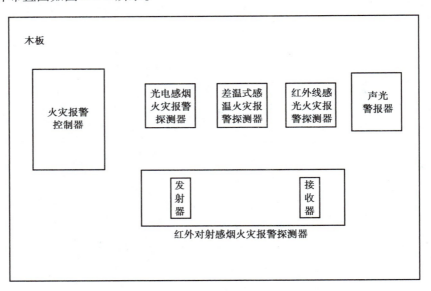

图 2-3-1　元件步骤图

②施工步骤工作页见表 2-3-5。

表 2-3-5　施工工作页

加工步骤	施工方法	施工要求	注意事项	存在问题及解决措施
点型探测器的安装				
线型探测器的安装				

续表

加工步骤	施工方法	施工要求	注意事项	存在问题及解决措施
控制器的安装				
声光警报器的安装				
线路敷设				
火灾报警探测器的接线				
火灾报警探测器的调试				

2）在实训板上安装、连接、调试防盗报警探测器

①元件布置图如图 2-3-2 所示。

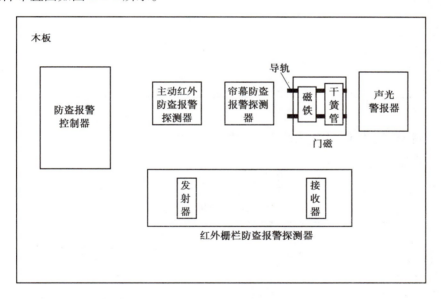

图 2-3-2　元件布置图

②施工步骤工作页见表 2-3-6。

表 2-3-6　施工工作页

加工步骤	施工方法	施工要求	注意事项	存在问题及解决措施
主动红外探测器的安装				
帘幕探测器的安装				
门磁的安装				
控制器的安装				
声光警报器的安装				
线路敷设				
防盗报警探测器的接线				
防盗报警探测器的调试				

3）**看图说明可燃气体报警探测器的相关安装信息**

①施工图如图 2-3-3 所示。

②说明工作页见表 2-3-7。

表 2-3-7　说明工作页

说明内容	解释内容
厨房结构	
厨房内设备	
探测器安装位置	
探测器安装高度	
安装注意事项	
调试方法	

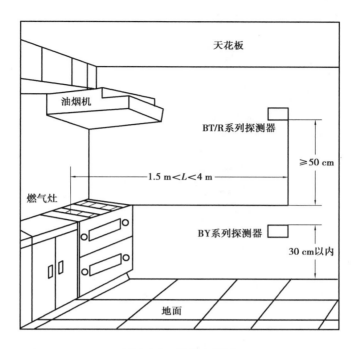

图 2-3-3　元件布置图

任务3

传感器安装与调试

任务目标

1.了解检测技术的用途、对象及检测系统的构成。

2.了解测量的几种常用方法,了解测量误差的形成因素,能有效地消除或减小测量误差。

3.掌握温度传感器的种类、结构、特点及使用范围,会安装、调试和使用常用的温度传感器。

4.掌握湿度传感器的种类、结构、特点及使用范围,会安装、调试和使用常用的湿度传感器。

5.掌握压力传感器的种类、结构、特点及使用范围,会安装、调试和使用常用的压力传感器。

6.掌握流量传感器(即电磁计量计)的种类、结构、特点及使用范围,会安装、调试和使用常用的流量传感器。

7.掌握传感器安装的相关规范与法规。

8.作业完毕后,能按照电工作业规范清点、整理工具;收集剩余材料,清理作业垃圾。

9.完成本次作业的评价及评分工作。

 工作情境描述

在假想的空间内安装传感器(如温度传感器、湿度传感器、压力传感器及流量传感器等),并组建模拟楼宇智能控制系统,观察信息采集情况。

活动 1 熟悉设备及工具

 学习目标

1.了解检测技术及常用方法,会减小测量误差的方法。

2.熟悉常用传感器的类型、结构、工作原理及其附件。

3.熟练掌握常用传感器的选择原则及方法。

4.会正确使用传感器安装工具。

学习过程

（1）传感器简介

传感器是一种能够感知被测量并按照一定规律转换成可输出信号的器件或装置。它将现场被测物的一些微小变化（如温度、湿度、压力及流量等物理量）转化为控制器能识别的物理量（根据物理量的不同，可分为传感器、变送器两大类。通常统称它们为传感器），用于自动检测系统的控制和显示。传感器与探测器非常相似，但探测器的输出信号是用来报警的，输出状态发生了变化（即由正常状态变成报警状态）；而传感器的输出状态可以不发生变化（即它可以是连续信号，输出信号主要用于显示、记录和控制等）。传感器一般由敏感元件、转换元件、放大电路及辅助电源等组成，如图 3-1-1 所示。

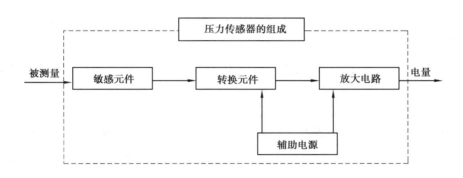

图 3-1-1　传感器电路原理框图

其中，敏感元件是传感器的核心部件，它的作用是直接感受被测物体的变化，并对该变化将转换成相关物理量；转换元件的作用是将其他物理量转换成容易显示、记录和处理的电量；放大电路的作用是将输出的电信号放大调制（注：变送器多了一个转换电路环节，转换电路的作用是将非标准的电信号转换成标准的电信号）；辅助电源的作用是提供能源。

检测技术广泛地应用于日常生活、工业生产和国防等众多领域。我们将能够自动完成整个检测处理过程的技术，称为自动检测技术。它包含了传感器、控制器、执行机构及显示部分 4 个部分，如图 3-1-2 所示。其中，传感器负责收集信号，相当于人的"感觉器官"；控制器负责分析、对比、判断，相当于人的"大脑"；执行机构负责驱动设备，相当于人的"四肢"；显示部分负责展示、记录信息，相当于人常用的"纸和笔"。

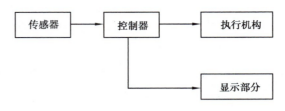

图 3-1-2 检测系统框图

1）测量误差及种类

①测量误差定义及分类

测量值与真实值之间的误差，称为测量误差。测量误差可分为绝对误差和相对误差。

A.绝对误差

绝对误差 Δ 是指测量值 A_x 与真实值 A_0 之间的差值。其计算公式为

$$\Delta = A_x - A_0$$

B.相对误差

相对误差是绝对误差的百分比表示形式。相对误差又有示值（标称）相对误差和引用相对误差之分。

示值相对误差 γ_x 是用绝对误差 Δ 与被测量 A_x 的百分比来表示的。其计算公式为

$$\gamma_x = \frac{\Delta}{A_x} \times 100\%$$

引用相对误差 γ_m 是用绝对误差 Δ 与仪表满量程值 A_m 的百分比来表示的。其计算公式为

$$\gamma_m = \frac{\Delta}{A_m} \times 100\%$$

一般来说，测量误差越小，则测量准确度越高。

②测量误差产生原因及消除方法

测量误差主要有粗大误差、系统误差和随机误差 3 种。

A.粗大误差

粗大误差主要是因为操作人员粗心大意或测量仪器受到突然且强大的干扰而引起的。如测错、记错等，表现为多次测量时，某一次测量值严重偏离。消除方法是将该值剔除即可。

B.系统误差

它是在一定的测量条件下，对同一个被测设备进行多次重复测量时，误差值的大小和符号（正值或负值）保持不变；或者在条件变化时，按一定规律变化的误差。前者称为不变系统误差，后者称为变化系统误差。

产生系统误差的主要原因如下：

a.仪器和装置方面的因素。

b.环境因素。

c.人员因素。

d.测量方法等方面的因素等。

消除系统误差的方法如下：

a.从产生误差根源上消除系统误差（如改变不良的测量习惯,到符合要求的环境里测量等）。

b.用校正的方法消除测量误差（掌握误差变动规律,减除变动量）。

c.采用对照实验的方法消除系统误差（做多组平行实验,通过对比消除误差）。

C.随机误差

测量过程中,许多独立的、微小的、偶然的因素引起的误差,称为随机误差。

消除随机误差的方法就是增加测量次数,然后求算术平均值。

传感器的种类较多,这里主要介绍几种在智能楼宇专业和物联网专业中常用的传感器,它们是温度传感器、湿度传感器、压力传感器及流量传感器等。

2）传感器介绍

传感器是控制系统的"前端"。它的质量好坏直接决定着系统运行的有效性和能否正常工作。它是整个系统中主要的环节。

①传感器的结构及各部分作用

A.温度传感器的结构

温度传感器有很多种类,按照敏感元件的组成材料,可分为热电偶传感器和热敏电阻传感器等。按照与被测问题之间的位置关系,可分为接触型传感器和非接触型传感器等。

a.热电偶温度传感器的结构。热电偶传感器是目前温度测量中使用最普遍的传感元件之一。它除具有结构简单、测量范围宽、准确度高、热惯性小,输出信号为电信号便于远传或信号转换等优点外,还能用来测量流体的温度、测量固体以及固体壁面的温度。微型热电偶还可用于快速及动态温度的测量。

热电偶传感器一般由热电偶丝（核心部分,见图3-1-3）、接线盒、绝缘套管及防护套管（即外壳）组成。其中,热电偶（丝）由两种不同的金属（或半导体）组成。其结构如图3-1-4所示。

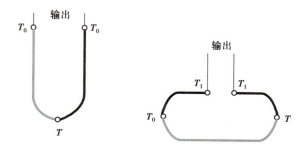

图 3-1-3　热电偶丝（其中，浅灰色的代表一种金属，深灰色的代表另一种金属）

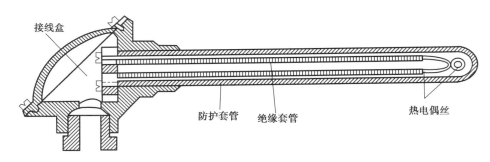

图 3-1-4　热电偶温度传感器

　　b.热敏电阻温度传感器的结构。热敏电阻温度传感器具有温度系数的范围宽,材料加工容易性能好,阻值在 1~10 MΩ 可自由选择,稳定性好,原料资源丰富,以及价格低廉等优点,故被广泛应用。

　　热敏电阻温度传感器种类很多,一般可分为正温度系数传感器和负温度系数传感器等。热敏电阻温度传感器的敏感元件(核心部件)为掺入少量杂质的半导体陶瓷。

　　热敏电阻温度传感器按照结构,可分为 A 型和 B 型。其结构如图 3-1-5、图 3-1-6 所示。

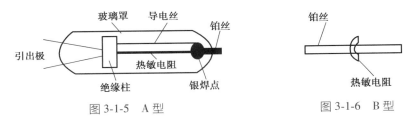

图 3-1-5　A 型　　　　　　　　　　　　图 3-1-6　B 型

B.湿度传感器的结构

　　湿度是表示空气中含水蒸气多少的物理量。它有绝对湿度和相对湿度之分。其中,相对湿度较为常用。

　　湿度传感器种类也较多,现代常用的有电阻型湿度传感器和电容型湿度传感器两种。

　　a.电阻型湿度传感器的结构。电阻型传感器的敏感部件是在导电陶瓷衬垫上覆盖一层高分子膜,利用高分子膜内部在水分子影响下导致导电离子迁移的现象工作的。电阻型传感器一般由梳状电极、感湿膜、基片及引线等组成,如图 3-1-7 所示。

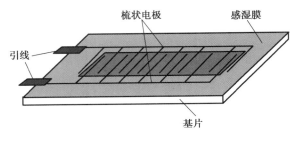

图 3-1-7　电阻型湿度传感器

b.电容型湿度传感器的结构。电容型传感器是利用高分子薄膜或醋酸纤维素等吸附水分后,介电常数变化从而引起电容量变化而制成的。电容型传感器一般由高分子薄膜(或醋酸纤维素)、上极片、下极片及衬底等组成,如图 3-1-8、图 3-1-9 所示。

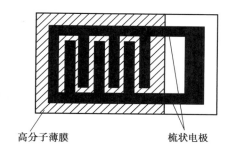

图 3-1-8　正视图

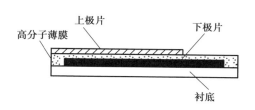

图 3-1-9　侧视图

注:上下极片均有梳状电极组成。

C.压力传感器的结构

压力传感器按原理,可分为电容型、压阻型、电感型及压电型等。这里仅介绍压阻型。

压阻型压力传感器具有价格低廉、精度高、线性好的特点,故被广泛应用。

压阻型压力传感器的敏感元件(核心)是电阻应变片。它是一种将压力转换成电阻阻值变化输出的器件。电阻应变片一般由压敏电阻和惠斯顿电桥组成。电阻应变片有金属电阻应变片和半导体应变片两种。

电阻应变片由黏合层(1,3)、基底(2)、盖片(4)、敏感栅(5)及引出线(6)构成,如图 3-1-10 所示。

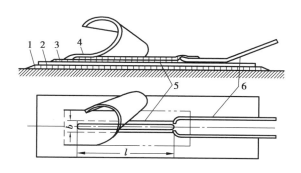

图 3-1-10　电阻应变片

金属电阻应变片又有丝状应变片(见图 3-1-11)和金属箔状应变片(见图 3-1-12)两种。其中,敏感栅金属丝状的是丝状应变片;敏感栅金属箔片的是金属箔状应变片。

图 3-1-11　丝状应变片

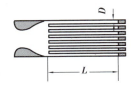

图 3-1-12　金属箔状应变片

D.流量传感器的结构

流量传感器是能感受流体流量并转换成可输出信号的传感器。它主要应用于气体和液体流量的检测。

流量传感器按照测量方法,可分为电磁流量传感器、机械式流量传感器(包括容积、涡街流量传感器和涡轮流量传感器等)、超声流量传感器及压差流量传感器等。这里介绍电磁流量传感器(简称电磁流量计)、涡街流量传感器(简称涡街流量计)和涡轮流量传感器(简称为涡轮流量计)。

a.电磁流量计主要由传感器和转换器两部分组成,如图 3-1-13 所示。其中,传感器是基于法拉第电磁感应定律工作的。它适用于测酸、碱、盐溶液、泥浆矿浆、纸浆及废水等导电介质的体积流量。传感器部分主要由连通管道、电极、电磁线圈及绝缘内衬等组成。

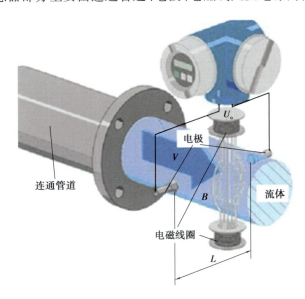

图 3-1-13　电磁流量计

b.涡街流量计可测量蒸汽、气流、液体的流量和流速。它是一种应用范围较广的流体速度测试仪器。它主要由管道和涡旋发生体组成,如图 3-1-14 所示。其中,从涡旋发生体两侧交替产生两列有规则的涡旋,称为卡门涡旋。

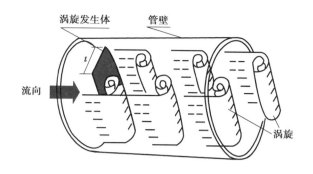

图 3-1-14　涡街流量计

c.涡轮流量计是一种速度式仪表。它主要用于封闭管道中测量低黏度气体的体积流量和总量。

涡轮流量计将涡轮叶轮、螺旋桨等置于流体中,是利用涡轮的转速与平均体积流量的速率关系工作的。涡轮流量计主要由导向装置、联轴节、补偿装置、涡轮转子及计数机构等组成,如图 3-1-15 所示。

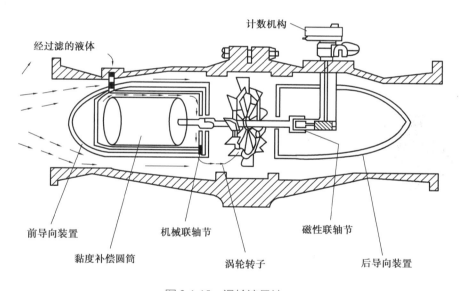

图 3-1-15　涡轮流量计

②传感器的识别

A.温度传感器

a.接触式温度传感器(包括热电偶传感器和热敏电阻传感器等)。结构上包括探针式、泡状和管状 3 种,如图 3-1-16—图 3-1-18 所示。

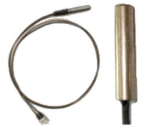

图 3-1-16　探针式温度传感器　　图 3-1-17　泡状温度传感器　　　图 3-1-18　管状温度传感器

b.非接触式温度传感器（红外类传感器）。它包括管状和手持式两种，如图 3-1-19、图 3-1-20 所示。

图 3-1-19　管状红外温度传感器　　　　　　　　图 3-1-20　手持式红外温度传感器

B.湿度传感器

湿度传感器如图 3-1-21—图 3-1-24 所示。

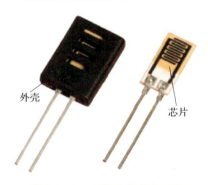

外壳

芯片

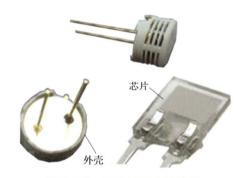

芯片

外壳

图 3-1-21　电阻式湿度传感器　　　　　　　　图 3-1-22　电容式湿度传感器

小孔

图 3-1-23　空气湿度传感器　　　　　　　　　图 3-1-24　温、湿度传感器

注意:温度、湿度传感器的外形千变万化,很难从外观上判断出它是哪一种类型的传感器。使用时,要根据说明书正确识别、选择、安装及使用,也可根据传感器的不同特点进行识别。例如,湿度传感器有进气小孔(温、湿度传感器也有),而温度传感器没有进气小孔;电阻式湿度传感器的两引出线位置完全相同,而电容式湿度传感器的两引出线位置不一样(有正极、负极之分)等。

C.压力传感器

压力传感器如图3-1-25—图3-1-28所示。

图3-1-25　电阻式压力传感器

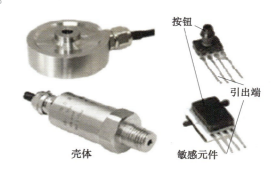

图3-1-26　微压式压力传感器

图3-1-27　液体压力传感器

图3-1-28　气体压力传感器

注意:在生产实践中,压力传感器一般是按照安装使用场所来命名和选用的。压力传感器应用场所众多,外观也不一样,很难从外观上判断出它是哪一种类型的压力传感器。

D.流量传感器

流量传感器如图3-1-29—图3-1-33所示。

图3-1-29　气体涡轮流量计

图3-1-30　液体流量传感器

图3-1-31　涡街流量计

图 3-1-32　电磁流量计

图 3-1-33　转子流量计

注意:流量传感器种类也极多,同样道理,流量传感器也不能通过外观判断其类型。

③传感器的工作原理

A.温度传感器的工作原理

温度传感器是应用最多的一种传感器。它是利用环境温度变化而引起物体体积、压力变化、电阻率变化、介电常数变化、磁导率变化或热电效应、热辐射等原理工作的。它种类繁多,不可能一一讲到,这里主要以热电偶(利用热电效应)和热电阻(电阻率随温度变化而变化)两种敏感元件为例加以说明。

a.热电偶温度传感器的工作原理。热电偶温度传感器的核心部件(即敏感元件)为热电偶。热电偶由两段不同的导体(或半导体)组成,并将两段导体的连接处置于不同的温度环境里。

两种不同的导体或半导体 A 和 B 组合成如图 3-1-34 所示的闭合回路。若导体 A 和 B 的连接处温度不同(设 $T>T_0$),则在此闭合回路中就有电流产生,即回路中有电动势存在,这种现象称为热电效应。

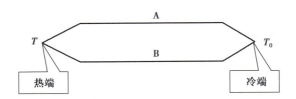

图 3-1-34　热电偶

回路中会产生接触电动势和温差电动势。其中,接触电动势的大小与环境温度的高低与导体中电子密度有关。温差电动势的大小与导体两端温度之差有关,如图 3-1-35 所示。

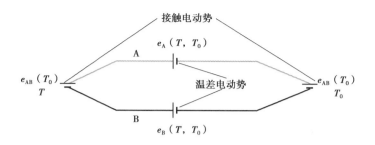

图 3-1-35   产生电势差示意图

热电偶的闭合回路存在着两个接触电势和两个温差电势。该热电动势的大小等于两端温度分别为 T 和零度以及 T_0 和零度的热电势之差。热电偶回路热电动势只与组成热电偶的材料及两端温度有关,与热电偶的长度、粗细无关。导体材料确定后,热电势的大小只与热电偶两端的温度有关。如果使 $E_{AB}(T_0)=$ 常数,则回路热电势 $E_{AB}(T,T_0)$ 就只与温度 T 有关,而且是 T 的单值函数,这就是利用热电偶测温的原理。

b.热敏电阻温度传感器的工作原理。热敏电阻是利用某种半导体材料的电阻率随温度变化而变化的性质制成的。

按热敏电阻的阻值与温度关系这一重要特性,可分为正温度系数热敏电阻器(电阻值随温度升高而增大的电阻器,简称 PTC)、负温度系数热敏电阻器(电阻值随温度升高而下降的热敏电阻器,简称 NTC)、突变型负温度系数热敏电阻器(具有很大负温度系数,简称为 CTR)。

根据 $R=\rho\dfrac{l}{s}$ 可知,一旦热敏电阻确定后,电阻阻值(变化)的大小就只与温度 T 有关,而且是 T 的单值函数(随着温度的增加而增大或减小,即正温度系数或负温度系数),这就是利用热敏电阻测温的原理。

B.湿度传感器的工作原理

湿度通常用绝对湿度或相对湿度来表示。其中,绝对湿度是指单位体积($1\ \mathrm{m^3}$)的气体中含有水蒸气的质量(g)的多少。相对湿度是指气体中的绝对湿度 P_V 与该温度气体饱和状态的绝对湿度 P_S 之比。

a.电容式湿度传感器的工作原理。电容式湿度传感器敏感元件结构如图 3-1-36 所示。当两极片之间用高分子薄膜隔离开来时,就构成了一个电容(电容的定义:两金属体被绝缘物质隔离开来就组成了一个电容)。其电容量为

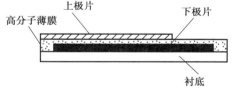

图 3-1-36   电容式敏感元件

$$C=\varepsilon\frac{s}{d}$$

式中　　ε——高分子薄膜的介电常数;

s——两极板正对面积;

d——两极板之间的距离。

当湿度变化时,高分子薄膜吸附水分的多少会发生变化,高分子薄膜的介电系数会变化,从而引起电容量变化。一旦电容是湿度传感器的敏感元件确定后,电容量的大小就只与湿度有关,而且是湿度的单值函数(随着湿度的增加而增大),这就是利用电容式湿度传感器测量湿度的原理。

b.电阻式湿度传感器工作原理。导电机理为水分子的存在,影响高分子膜内部导电离子迁移率。

电阻式湿度传感器采用功能高分子膜涂敷在带有导电电极陶瓷衬底上,形成阻抗随相对湿度变化成对数变化的敏感部件。该敏感部件的阻值大小只与湿度有关,而且是湿度的单值函数,这就是利用电阻式湿度传感器测量湿度的原理。

C.压力传感器的工作原理

压力传感器的种类繁多,工作原理也不相同。

a.压阻式压力传感器工作原理。压阻式压力传感器是根据压阻效应工作的。所谓的压阻效应,是指沿一块半导体的某一轴向施加压力使其变形,它的电阻率会发生显著变化的现象。利用半导体材料的压阻效应制成的敏感元件,称为压阻式敏感元件。压阻式敏感元件如图3-1-37所示。

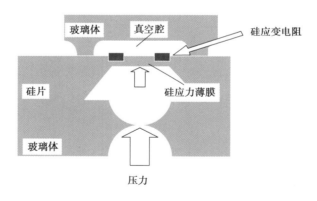

图 3-1-37　压阻式敏感元件

压阻式压力传感器采用的是高精密半导体电阻式敏感元件组成的惠斯顿电桥作为压力变换测量电路,再辅以放大电路。测量电路如图 3-1-38、图 3-1-39 所示。

当外界压力变化时,玻璃杯内的压力与真空腔的压力的平衡遭到破坏,硅应力薄膜在外力的作用下发生形变,光刻而成的硅应力电阻发生弹性形变,硅应力电阻阻值随之发生变化。

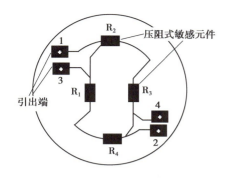

图 3-1-38　测量电路实物示意图

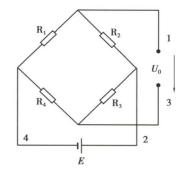

图 3-1-39　测量电路原理（惠斯顿电桥）示意图

其工作原理是：未施加压力时，惠斯顿电桥处于平衡状态，输出电压 U_0 等于 0，无输出。施加压力时，压阻式敏感元件的半导体材料的电阻率发生变化，导致 R_1, R_2, R_3, R_4 全部发生变化，惠斯顿电桥失去平衡条件（即 $R_1 R_3 \neq R_2 R_4$），产生一个与压力成正比的输出电压（U_0）信号。

b.电感式压力传感器工作原理。电感式传感器是一种利用磁路磁阻变化，引起传感器线圈的电感（自感或互感）变化来测量非电量的一种机电转换装置。通常按照磁路变化，可分为变磁阻和变磁导两种。

其工作原理如图 3-1-40 所示。当有压力作用于滚轮（或膜片）上时，克服了弹簧（或膜片的弹力）的弹力，带动铁芯改变插入线圈的深度，从而改变线圈电感的大小，再通过处理电路将该电感变化转化成相应的信号输出。

c.压电式压力传感器工作原理。压电式压力传感器是利用压电效应原理工作的。

压电效应是指某些电介质在沿一定方向上受到外力的作用而变形时，其表明会出现电荷，当外力去除后，电介质又重新回到不带电的状态的现象。同时，材料表明产生的电荷 Q 与所施加的交变力 F 成正比，与压电灵敏度 d 成正比，即

$$Q = dF$$

如图 3-1-41 所示为压电式传感器结构。

图 3-1-40　电磁式传感器结构示意图

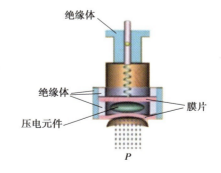

图 3-1-41　压电式压力传感器

在压电元件(一般为离子型晶体电介质)上施加沿某一方向的作用力时,晶体内部将发生极化现象,晶体表面上会产生电荷,电荷的多少与施加的压力大小成单一的线性关系。此电荷经放大电路和测量电路的放大变换后即成为正比于所受外力的信号输出。

D.流量传感器的工作原理

流量传感器又称流量计,是能感受流体流量并转换成可用输出信号的传感器。它主要应用于气体和液体流量的检测。常用的有电磁式(电磁流量传感器)、机械式(容积流量传感器、涡街流量传感器及涡轮流量传感器)、声学式(超声流量传感器)、节流式(差压流量传感器)等种类。

a.电磁流量计工作原理。电磁流量计的工作原理是基于法拉第电磁感应定律。其结构如图3-1-42所示。它主要由线圈和电极等组成。它是一种适用于测量导电介质流量的测量仪器。

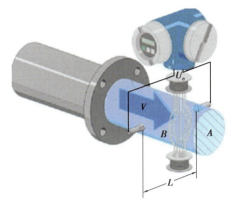

图 3-1-42　电磁流量计结构原理示意图

电磁流量计工作原理是:被测量的导电介质在有绝缘衬垫的管道内流通,当在上下两线圈中通入电流时,在流体的上下两端就产生了一个恒定的磁场;流体流过该恒定磁场时,其中的电荷在电磁场的作用下发生偏移,在两电极之间产生一个感应电动势。该电动势的大小于流体的总体积、流速有关,通过量测电动势的大小即可测量流通的流速。

b.容积式流量计工作原理。容积式流量计是基于累加原理工作的。它主要由"计量室"和"计数器"组成。其中,"计量室"是由仪表壳的内壁和流量计转动部件一起构成的一个定量空间。

其工作原理如图 3-1-43 所示。容积式流量计利用机械测量元件把流体连续不断地分割成单个已知的体积部分(即定量空间),流体通过流量计时,流量计的进出口之间就会产生一定的压力差,在该压力差作用下,推动计数器不停地旋转。在这个过程中,流体不断地由入口一次次地充满流量计的"定量空间",然后又不断地送到出口排出,在给定流量计的条件下,该定量空间的体积是确定的,只要测得转子的转动次数即可测得流体总流出体积。在管道截面积一定的情况下,即可测得流体的流量。

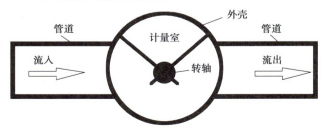

图 3-1-43　容积式流量计原理示意图

c.涡街流量计工作原理。涡街流量计是基于卡门涡街原理工作的。

在流体中,设置三角柱形涡旋发生体后,在涡旋发生体的两侧会交替地产生有规则的涡旋,这种涡旋称为卡门涡旋。涡街流量计横截面如图3-1-44所示。

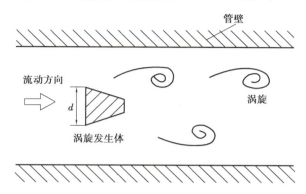

图3-1-44 涡街流量计示意图

其工作原理是:在流体中安放一个非流线型涡旋发生体,使发生体两侧交替地出现两串有规则地交错排列的涡旋(其横截面为旋涡状),由于在一定范围内涡旋出现(或分离)的频率与流量成正比。因此,可通过测量涡旋的出现频率计算出流体的流量。

(2)常用传感器施工工具的识别

1)安装工具

①螺钉旋具

螺钉旋具用于紧固或拆卸螺钉的工具。按头部形状的不同,有一字形和十字形两种,如图3-1-45、图3-1-46所示。

图3-1-45 一字形　　　　　　　　　　　　　图3-1-46 十字形

②活扳手

活扳手用于紧固或拆卸螺母的工具。它由头部和手柄两个部分组成,如图3-1-47所示。

③钢丝钳

钢丝钳用于夹持或切断。它主要由钳头和手柄两个部分组成,如图3-1-48所示。

图3-1-47 活扳手

图3-1-48 钢丝钳

2）测量、定位工具

①直尺

直尺用于测量设备安装位置、划线定位的工具，如图 3-1-49 所示。

图 3-1-49　钢直尺

②水平尺

水平尺用于测量、检测水平度及垂直度的工具，如图 3-1-50 所示。

图 3-1-50　水平尺

3）固定元件

螺栓和螺母用于将传感器固定在框架上，如图 3-1-51、图 3-1-52 所示。

图 3-1-51　螺栓　　　　　　　　　　　　　图 3-1-52　螺母

活 动 2　传感器的安装与调试

学习目标

1.会传感器的选用。

2.熟悉掌握常用传感器的固定与接线方法。

3.熟练掌握常用传感器的运行方法及调试步骤。

4.掌握传感器在智能楼宇中的应用。

学习过程

（1）传感器的选用

传感器的选用原则如下：

1）一般要求

①根据被控对象选择传感器的种类

被控对象的信号有温度信号、压力信号、光信号及流量信号等。选择传感器时，可根据这些信号选择不同种类的传感器。例如，测量炼钢炉的钢水温度，就可选择温度传感器。

②根据环境特点及要求选择传感器的类型

特点和对环境的要求是选择传感器类型的主要依据。例如，测量温度的传感器有非接触式和接触式两种。非接触式有红外测温仪；接触式有金属热电阻（测量范围：$-200 \sim 960$ ℃）、热敏电阻（测量范围：$-50 \sim 150$ ℃）、热电偶（测量范围：$-200 \sim 1\,800$ ℃）、PN结温度传感器（测量范围：$-50 \sim 150$ ℃）等多种类型。测量钢水温度可采用红外测温仪或热电偶传感器作为感测元件。

2）性能要求

根据特征参数选择传感器的型号。

传感器的特征参数有灵敏度、准确度、动态范围、响应速度及抗干扰能力等。

①灵敏度与测量极限

灵敏度 S 是指传感器的输出量增量 Δy 与输入量增量 Δx 的比值，即

$$S = \frac{\Delta y}{\Delta x}$$

单就灵敏度而言，通常情况下希望 S 越大越好（越大越灵敏）。同时，还希望传感器检测极限大、范围宽，但往往又与敏感度相矛盾，故两者应通盘考虑。

②准确度及精密度

A.精密度

精密度是指在同一条件下进行反复测量时，所得结果彼此之间的差别程度，也称重复性。传感器的随机误差小，精密度高，但不一定准确。

B.准确度

准确度是指测量结果与实际真正的数值偏离程度。同样，它准确不一定精密。故在选用传感器时，要着重考虑精密——重复性。因为准确度可用某种方法进行补偿，而重复性是传感器本身固有的，外电路无能为力。

③动态范围及直线性

传感器的直线性是指输出信号与输入信号之间成正比的关系曲线。而保持直线性的信号段称为动态范围(设备很难在整个信号范围内都保持直线性)。动态范围是选择传感器的一个重要参数。

带微处理器的传感器可重点选择动态范围(即便有非线性,也可用计算机等对其进行线性化处理);不带微处理器的传感器可重点选择直线性(即直线性好,动态范围窄)。

④频率响应及响应速度

频率响应是指在保障信号不失真的情况下传感器所能通过的被测量的频率范围。通常希望选择频率响应好、响应速度快的传感器。

⑤抗干扰性及使用环境

传感器一般使用在工业环境内,一般希望能经受住高(低)温、湿度、磁场、电场、辐射、振动、冲击等恶劣环境的考验,抗干扰能力一般要求较强。因此,在满足要求的情况下,尽量选用灵敏度低的传感器,以增强抗干扰能力。

例如,根据精密度要求选择传感器。测量精度要求不高时,可选择红外测试仪测量钢水温度;测量精度要求高时,可选择一次性热电偶测量钢水温度,但这样成本过高。

(2)传感器的安装

1)温(湿)度传感器的安装

①金属温度传感器(接触式)的安装

A.应用领域

一般应用于测量精度高的温度测量,如应用于空调、冰箱、热水器、恒温箱及供热管道中。

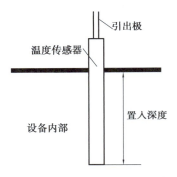

图 3-2-1　温度传感器置入深度

B.要求

a.最小置入深度≥200 mm,如图 3-2-1 所示。

b.允许通过电流≤5 mA。

c.安装与固定。如图 3-2-2、图 3-2-3 所示,用螺栓将底盒或安装盘固定在设备外壳上即可。

图 3-2-2　有安装盘温度传感器

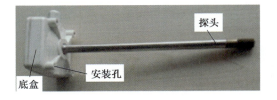

图 3-2-3　无安装盘温度传感器

如图 3-2-4 所示,首先将螺母旋下来,然后将探头插入设备中,上紧螺母即可。

②红外温度仪(非接触式)的安装

A.工作原理

温度仪吸收入射的红外辐射,致使自身的温度升高,从而导致温度仪阻值发生变化,在外加电流的作用下可产生电压信号输出。它主要用于测量温度较高或不宜直接测量的设备。

B.要求

不需要安装,测试时,将红外温度仪对准被测设备即可。

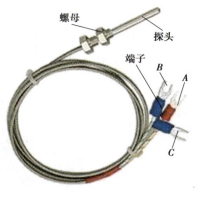

图 3-2-4 温度传感器

2)压力传感器的安装

①适用范围

压力传感器广泛应用于汽车、航空、医疗、家电产品及石油开采等领域。

②液压型(主要测量液体、气体的压力变化)压力传感器的安装与调试

A.液压型的结构

GPD3 型压力传感器如图 3-2-5 所示。

B.安装与调试(GPD3 型压力传感器)

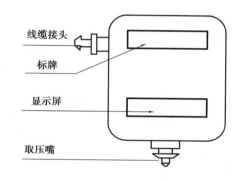

图 3-2-5 GPD3 型压力传感器

a.本传感器可垂直悬挂在需要检测压力的地方。

b.传感器连接电缆,电缆选用四芯型阻燃电缆,传感器 3 根引出线接法见表 3-2-1。

表 3-2-1 引出线接法

正极	红色
地线	蓝色
频率信号	白色

c.当传感器上有两个取压嘴时,左侧为正压取压嘴,右侧为负压取压嘴。测量负压时,接右侧,测量取压管可选用 PU 管或橡胶管;当有一个取压嘴时,既可测量正压,也可测量负压。

注意:安装取压管时,不得使传感器取压嘴的压力超过传感器测量最大值的 3 倍。当有两个取压嘴时,不得用负压嘴测量正压。

d.电缆取压管连接无误后,给传感器送电,10 s 后传感器进入稳定测量,显示所测压力

的数值。

③称重型(主要测量质量变化)压力传感器的安装与调试

a.必须保障压力传感器垂直受力,如图 3-2-6 所示。

图 3-2-6 压力传感器

b.压力传感器安装位置要准确。

c.压力传感器安装面与底座应保持水平,不偏斜;安装面上不能有胶膜、毛刺和尖点。

d.安装与调试压力传感器时,应选择合适力矩的扳手;力矩过小,导致传感器计量不准确,重复性不好;力矩过大,导致传感器紧固螺栓拉伸、变形。

e.紧固螺栓前,需涂抹少许黄油,防止螺栓生锈,保障拆卸和安装方便。

3)流量传感器(又称为流量计)的安装

①电磁流量计的安装

A.电磁流量计的使用范围

它适用于导电液体总量的测量,如石油化工、给水排水和造纸工业等领域。

B.电磁流量计的安装(以科隆流量计为例说明)

安装之前,应阅读本说明书。安装地点必须满足本仪表的环境条件、防护等级和便于维修的要求。

a.安装要求:

• 仪表可在运行管道上的任何位置安装,优先选用垂直安装。

• 若液体流动方向与铭牌箭头指向应保持一致。

• 不应有铁磁性物质紧靠仪表,仪表安装位置应尽量远离强电磁场。

• 带法兰的阀门也不能直接连接在传感器的前面或后面。因为阀门也会造成流体扰动,增加测量误差,所以在任何情况下都不允许这样直接安装。

• 安装时,要保持密封件、接地环与传感器的测量管处于同心位置,避免发生旋涡流。

b.接地要求。仪表必须接至一个独立的接地点,其他电气设备不允许连接到同一接地线上。接地电阻应小于 10 Ω。

c.连线。

如图 3-2-7 所示,信号线标示如下:

白色双股线:红色 12 芯线接电源正极

黑色 12 芯线接电源负极

黑色双股蔽线:红色 10 芯线接"信号 1"

蓝色 13 芯线接"信号 2"

屏蔽线接"信号地"

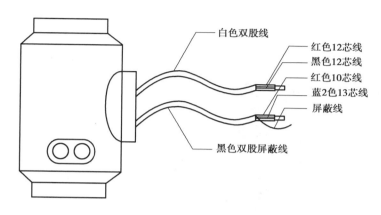

图 3-2-7 电磁流量计

若液体流动方向与铭牌箭头指向一致时,则输出信号(黑色双股屏蔽线)接"信号 1"与"信号地";若液体流动方向与铭牌箭头指向相反时,则输出信号(黑色双股屏蔽线)接"信号 2"与"信号地",输出信号接至计量仪表。

②涡街流量计安装

A.安装场所及注意事项

可测量液体(非导电介质)、气体和蒸汽(高温)的流量,并将其转换成 4~20 mA 的直流模拟输出信号或脉冲(报警或状态输出)。

选择安装场所时,要注意:

a.流量计避免安装在温度变化大的场所;尽量避免安装在含腐蚀性气体的环境中;安装时,应选择在振动及撞击小的场所。

b.流量计的周围应有充裕的空间,以便作业和定期检查;安装场所应便于接线和安装管道。

B.安装要求(以 DY 型涡街流量计为例说明)

a.安装注意事项:

● 测量气体及蒸汽时,要防止液体滞留(一般情况下,流量计应安装在垂直管道上,见图 3-2-8;流量计安装在水平管道上时,见图 3-2-9,要将有流量计段的管道抬高)。

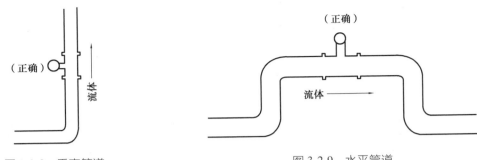

图 3-2-8　垂直管道　　　　　　　图 3-2-9　水平管道

● 测量液体时,要让管道内充满液体(流量计安装在垂直管道上时(见图 3-2-10),液体应向上流动;当液体向下流动时(见图 3-2-11),应保持下游管道高于流量计。流量计安装在水平管道上时(见图 3-2-12),要将有流量计段的管道降低)。

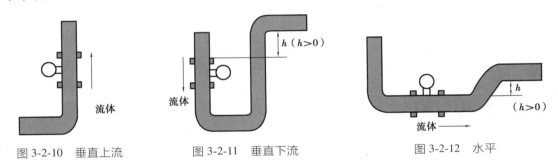

图 3-2-10　垂直上流　　　　　图 3-2-11　垂直下流　　　　　图 3-2-12　水平

● 测量时避免产生气泡。

b.安装。以法兰式涡街流量计垂直安装为例说明

如图 3-2-13 所示,安装时,流体的流向必须与流量计壳体上的箭头方向一致;流量计的内径必须对准连接管道的内径;安装完成后,必须保证无渗漏。

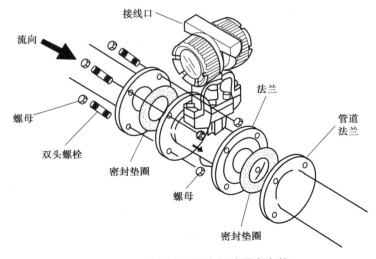

图 3-2-13　法兰式涡街流量计垂直安装

以加紧式涡街流量计水平安装为例说明,如图 3-2-14 所示。

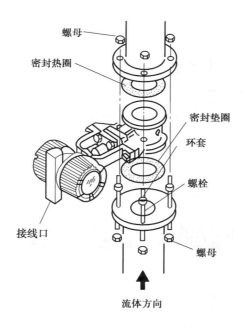

图 3-2-14 法兰式涡街流量计水平安装

C.线路连接

模拟输出,连接方法如图 3-2-15 所示。

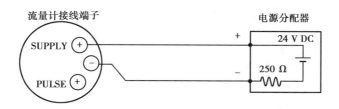

图 3-2-15 模拟输出连接

脉冲输出,连接方法如图 3-2-16 所示。

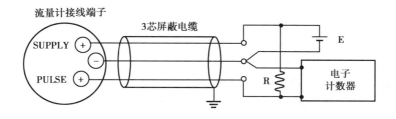

图 3-2-16 脉冲输出连接

状态输出,连接方法如图 3-2-17 所示。

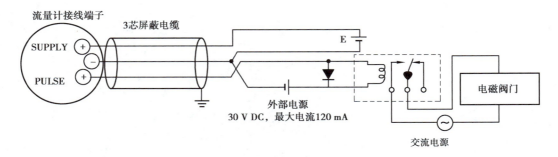

图 3-2-17　状态输出连接

活动 3　汇报与评价

(1)学习汇报

以小组为单位,选择实物、展板及文稿的方式,向全班展示、汇报学习成果。其内容包括:

①常用工具的作用和正确使用方法。

②传感器的安装方法和步骤。

③传感器的调试方法。

④展示人员分配架构图,说明每位学生在加工过程中所起到的作用。

(2)综合评价

综合评价见表 3-3-1。

表 3-3-1　综合评价表

评价项目	评价内容	评价标准	评价方式		
			自我评价	小组评价	教师评价
职业素养	安全意识责任意识	1.作风严谨,遵章守纪,出色地完成任务 2.遵章守纪,较好地完成任务 3.遵章守纪,未能完成任务或虽然完成任务但操作不规范 4.不遵守规章制度,且不能完成任务			

评价项目	评价内容	评价标准	评价方式		
			自我评价	小组评价	教师评价
职业素养	学习态度	1.积极参与教学活动,全勤 2.缺勤达到本任务总学时的5% 3.缺勤达到本任务总学时的10% 4.缺勤达到本任务总学时的15%			
	团队合作	1.与同学协作融洽,团队合作意识强 2.与同学能沟通,团队合作能力较强 3.与同学能沟通,团队合作能力一般 4.与同学沟通困难,协作工作能力较差			
专业能力	正确使用工具	1.熟练使用工具,工作完成后能清理现场 2.熟练使用工具,工作完成后未能清理现场 3.不能熟练使用工具,工作完成后能清理现场 4.不会使用工具,工作完成后未能清理现场			
	工件加工	1.按时完成加工任务,操作步骤正确,工件美观、完整 2.按时完成加工任务,操作步骤正确,工件完成质量较差 3.按时完成加工任务,操作步骤不正确,工件完成质量较差 4.未按时完成加工任务			
	专业常识	1.按时、完整地完成工作页,问题回答正确 2.按时、完整地完成工作页,问题回答基本正确 3.不能完整地完成工作页,问题回答错误较多 4.未完成工作页			
创新能力		学习过程中提出具有创新性、可行性的建议	加分奖励:		
学生姓名			综合评价		
指导教师			日期		

工 作 页

小组人员分配清单见表3-3-2。

表3-3-2　人员分配清单

序　号	姓　名	角　色	在小组中的作用	小组评价
1				
2				
3				
4				
5				

材料识别工作页见表3-3-3。

表3-3-3　材料清单

名　称	常用种类	组成部分	适用场所	不适用场所	图　片
温度传感器					
温、湿度传感器					
压力传感器					

续表

名　称	常用种类	组成部分	适用场所	不适用场所	图　片
流量计					

工具识别工作页见表3-3-4。

表 3-3-4　工具清单

名　称	作　用	结　构	使用要求	注意事项
螺钉旋具				
钢丝钳				
直尺				
活扳手				

①在实训板上安装、连接中央空调的风系统(局部)。

a.元件布置如图3-3-1所示。

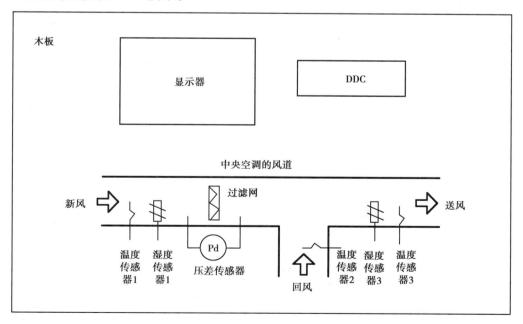

图 3-3-1　元件安装位置图

b.施工步骤工作页见表3-3-5。

表 3-3-5　施工清单

加工步骤	施工方法	施工要求	注意事项	存在问题及解决措施
用木板制作一个风道				
温度传感器的安装				
湿度传感器的安装				
压差传感器的安装				
DDC 的安装				
显示器的安装				
线路连接				

②在实训板上安装、连接消防报警的喷淋系统(局部)。

a.元件布置如图3-3-2所示。

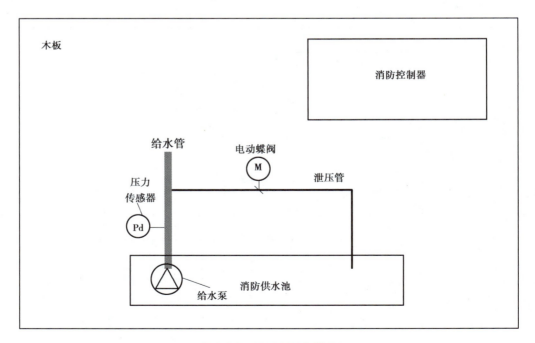

图 3-3-2　元件安装位置图

b.施工步骤工作页见表3-3-6。

表 3-3-6 施工清单

加工步骤	施工方法	施工要求	注意事项	存在问题及解决措施
水箱的安装				
水管的安装				
压力传感器的安装				
电动蝶阀的安装				
控制器的安装				
线路连接				

③在实训板上安装、连接供热的热水系统(局部)。

a.元件布置如图 3-3-3 所示。

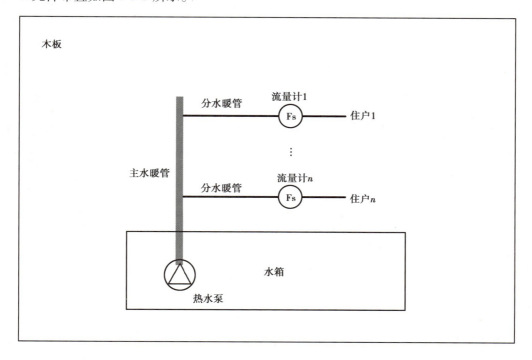

图 3-3-3 元件安装位置图

b.施工步骤工作页见表 3-3-7。

表 3-3-7   施工清单

加工步骤	施工方法	施工要求	注意事项	存在问题及解决措施
水箱的安装				
水管的安装				
流量计的安装				
热水泵的安装				
线路连接				

任务4

摄像机安装与调试

任务目标

1.了解视频监控系统的结构、作用及摄像机在视频监控系统中的地位。

2.了解摄像机常用的安装方式（侧装、吊装及吸顶安装等）。

3.掌握枪形摄像机的结构、特点、使用范围，会安装、调试、使用常用的枪形摄像机。

4.掌握半球摄像机的结构、特点、使用范围，会安装、调试、使用常用的半球摄像机。

5.掌握球形摄像机结构、特点、使用范围，会安装、调试、使用常用的球形摄像机。

6.掌握网络摄像机结构、特点、使用范围，会安装、调试、使用常用的网络摄像机。

7.掌握摄像机安装的相关规范、法规，会正确选择摄像机。

8.作业完毕后，能按照电工作业规范清点、整理工具；收集剩余材料，清理作业垃圾。

9.完成本次作业的评价及评分工作。

 工作情境描述

在假想的空间内安装摄像机，并组建模拟视频监控系统，观察视频信息采集情况。

活动 1　熟悉设备及工具

 学习目标

1.了解摄像机的种类和特点。

2.掌握云台、摄像机等的选择方法。

3.会正确使用摄像机安装工具。

 学习过程

（1）摄像机简介

　　视频监控系统又称闭路电视监控系统，是通过对建筑物的公共区域、重要场所或设备间的情境状态进行监视，来实时、形象、真实地反映被监视区域内设备运行和人员活动情况，以便及时发现该区域内发生的紧急事件（如盗窃、险情等），为小区管理人员和公安机关提供决

策依据。视频监控系统由摄像、传输分配、控制、图像处理与显示等组成,即

视频监控系统
$\begin{cases}$
摄像部分(前端):将被监视区域内的情境状态进行摄像并转化为电信号的(前端)设备

传输分配部分:将摄像机发出的视频信号传送到控制中心或其他监视点的设备

控制部分:有选择地送入显示信号或记录信号,并能远距离遥控的部分

图像处理与显示部分:对传送的视频信号进行显示、切换、记录、重放、加工及复制等要求的部分
$\end{cases}$

摄像部分包括摄像机、云台、防护罩及解码器等设备,即

摄像部分
$\begin{cases}$
摄像机:将图像信号转换成电信号

云台(或支架):承载摄像机,并能带动摄像机转动

防护罩:保护摄像机不受外力破坏

解码器:连接控制设备和摄像部分的桥梁,起到识别和解析控制信号的作用
$\end{cases}$

摄像机是摄像部分的核心,它的任务是观察和收集信息。

1)摄像部分的主要设备

①摄像机

摄像机种类繁多,按照不同的分类方法,可分为不同的种类。按摄像器材类型,可分为电真空摄像器材类和固体摄像器材类;按安装方式,可分为吊装式、侧装式和吸顶式;按外形,可分为球形摄像机、半球形摄像机、枪形摄像机及网络摄像机等。

A.枪形摄像机

枪机主要由摄像头和镜头两部分组成。它广泛应用于小区、道路、酒店、停车场、广场、银行、商场、体育馆及医院等公共场所,具有广角监控和远距离监控等功能。其中,黑白枪机主要用于光线不充足地区及夜间无法安装照明设备的地区(目前较少使用)。

a.彩色(普通型)枪机。主要用于室内较安全的场所,如图4-1-1所示。

图4-1-1　彩色(普通型)枪机

b.防水彩色枪机。在枪机上加装了防护罩,具有防雨、防尘等功能,一般用于室外,如图4-1-2所示。

c.红外防水型彩色枪机。除了具有防水功能外,还具有红外灯功能(即具有夜视功能),主要用于室内、室外等光线不足或无光源的日夜监控场所,如图4-1-3所示。

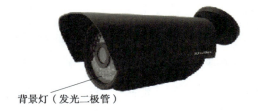

图4-1-2　防水彩色枪机　　　　　　　　图4-1-3　红外防水型彩色枪机

B.半球摄像机

半球摄像机比较适用于办公场所和电梯内部使用。它具有安全性能高、隐蔽性能好等特点。

a.彩色半球摄像机。具有隐蔽性好、防爆能力强的特点,如图4-1-4所示。

b.红外半球摄像机。主要用于室内、室外等光线不足或无光源的日夜监控场所,如图4-1-5所示。

图4-1-4　彩色半球摄像机　　　　　　　　图4-1-5　红外半球摄像机

C.球形摄像机

球形摄像机可分为高速、中速和低速3种(摄像机可在一定的范围内转动)。它广泛地应用于停车场、游乐园、大型购物中心、机场、火车站、高速公路、城市道路及广场的监控。

a.低速球摄像机。云台电动机转速为0°~30°/s,跟踪速度较慢,如图4-1-6所示。

b.中速球摄像机。云台电动机转速为0°~60°/s,跟踪速度较快。

c.高速球摄像机。云台电动机转速为0°~360°/s,跟踪速度极快。

d.红外高速球摄像机。主要用于室内、室外等光线不足或无光源的日夜监控场所,如图4-1-7所示。

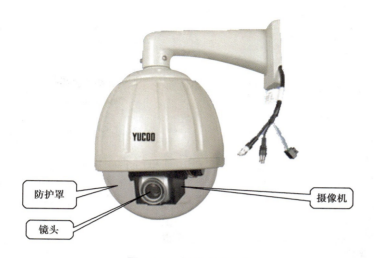

图 4-1-6　低速球摄像机

图 4-1-7　红外高速球摄像机

D.网络摄像机

网络摄像机是结合传统摄像机与网络技术所产生的新一代摄像机,如图 4-1-8 所示。浏览者不需要用任何专业软件即可观看远方的视频图像。网络摄像机一般由镜头、图像传感器、声音传感器、A/D 转换器、图像、声音、控制器网络服务器、外部报警及控制接口等组成。网络摄像广泛应用于教育、商业、医疗及公共事业等各方面领域。

②云台

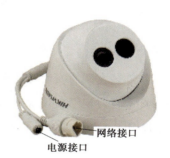

图 4-1-8　网络摄像机

云台是一个在水平或垂直两个方向上旋转(由交流电动机驱动)的摄像机底座。它增加了摄像机的可视范围,起支承和带动摄像机的作用。

摄像机云台种类很多,通常分类为

$$云台(按安装方式分类)\begin{cases}顶装云台\\侧装云台\end{cases}$$

$$云台(按运动功能分类)\begin{cases}水平云台\\全方位云台\end{cases}$$

全方位云台内部由两台交流电动机和减速齿轮构成。其中,一台交流电动机带动摄像机水平转动角度范围为 0°~365°,另一台交流电动机带动摄像机垂直转动角度范围为−90°~30°。这样就能消除死角,使监视范围更加宽广。

A.室内云台

室内云台用于室内的环境,不要求具有防水、防腐蚀等功能。因此,它的体积小、质量轻。一般室内云台能够在水平方向355°范围、垂直方向±60°旋转，如图4-1-9所示。

B.室外云台

室外云台一般都具有密闭防雨功能,在云台的所有接合部位都使用了密封垫圈,如图4-1-10所示。

图4-1-9　室内全方位云台

C.支架

支架起到固定和支承的作用。

a.吊装支架。安装在天花板上,如图4-1-11所示。

图4-1-10　室外水平云台　　　　图4-1-11　吊装支架

b.侧装支架。安装在墙壁上,如图4-1-12所示。

c.带有万向节的支架。安装在人手能够得着的地方,用人工的方式调节摄像机的监控范围,如图4-1-13所示。

图4-1-12　侧装支架　　　　图4-1-13　带有万向节的支架

③防护罩

防护罩有遮风避雨、防外力破坏的功能。它分为枪形防护罩和球形防护罩两类。

④解码器

解码器一般安装在摄像机内,起着控制云台(镜头)转动、镜头变焦(镜头可拉近、拉远)、聚焦和改变光圈大小等作用,如图4-1-14所示。

2)摄像机的结构、工作原理和主要参数

①摄像机的基本结构

摄像机是镜头和摄像头的总称。在通常情况下,镜头和摄像头是分开购买的。

摄像头以CCD(电荷耦合器件)图像传感器为核心部件,外加同步信号产生电路、视频信号处理电路及电源等。

　　镜头是由一组透镜组成的,如图4-1-15所示。

　　②摄像机的工作原理

　　被摄物体反射光线,传播到镜头,经镜头聚焦到CCD芯片上。CCD根据光的强弱积聚相应的电荷,经周期性放电,产生表示一幅幅画面的电信号,经过滤波、放大处理,通过摄像头的输出端子输出一个标准的复合视频信号。这个标准的视频信号同家用的录像机、VCD机、家用摄像机的视频输出是一样的,故也可录像或接到电视机上观看。

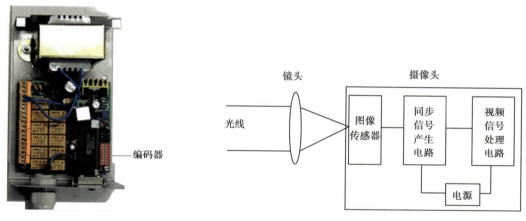

图4-1-14　解码器　　　　　　　　　　　　图4-1-15　摄像机结构框图

　　③摄像机的主要参数

　　A.镜头的参数

　　镜头就像眼睛的晶状体,它直接决定了成像质量。镜头的主要参数有成像尺寸、焦距和视场角。

　　镜头成像尺寸要与图像传感器(简称靶面,相当于眼睛的视网膜)尺寸相匹配。成像尺寸大于靶面尺寸时,成像的画面四周被镜筒遮挡,在画面的4个角上出现黑角。

　　焦距越长,则能看清的物体越远,能看清的场景越广。高端镜头一般都配备了电动变焦装置,以便根据被观测对象的不同,及时改变镜头的焦距,生成清晰的画面。

　　镜头有一个确定的视野,镜头对这个视野的高度和宽度的张角称为视场角。如果所选择的镜头的视场角太小,可能会因出现监视死角。镜头的焦距f越短,其视场角越大。

　　B.摄像头的参数

　　摄像头主要的参数即分辨率、最低照度和信噪比等。

　　分辨率是衡量摄像机优劣的一个重要参数。它指的是当摄像机摄取等间隔排列的黑白相间条纹时,在监视器(应比摄像机的分辨率高)上能够看到的最多线数。

　　照度是反映光照强度的一个物理量,其物理意义是照射到单位面积上的光通量。最低照度指的是当被摄景物的光亮度低到一定程度而使摄像机输出的视频信号电平低到某一规定值时的景物光亮度值。当监测环境亮度低于这一数值时，显示屏上将会出现很难分辨出层次的、灰暗的图像。

信噪比是指放大器的输出信号的电压与同时输出的噪声电压的比。信噪比越大，则图像质量越好，噪声越小。

3）摄像机的选择、安装和调试

①镜头的选择

摄像机镜头的作用是把被观察目标的光像聚焦于摄像管的靶面上，再由传感器将光信号转换为电信号对外传送的设备。按功能和操作方法，可分为常用镜头和特殊镜头两大类，即

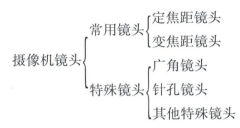

常用摄像机镜头如图 4-1-16—图 4-1-18 所示。

（a）广角镜头 （b）标准定焦镜头

图 4-1-16 定焦镜头

（a）手动光圈手动变焦镜头 （b）自动变焦

图 4-1-17 变焦镜头

图 4-1-18　电动变倍自动光圈镜头

合适镜头的选择由下面的因素决定,即

$$决定因素\begin{cases} 景物的亮度 \\ 处于焦距内的摄像机与被摄体之间的距离 \\ 再现景物的图像尺寸 \end{cases}$$

具体选择步骤如下:

A.选择成像尺寸

根据使用场所和监视区域选择镜头尺寸。

$1\ \text{in}(1\ \text{in} = 25.4\ \text{mm})$ 和 $1-\dfrac{3}{4}\ \text{in}$ 的摄像机多数用于专用的演播室。

$1\ \text{in}$ 以下(包括 $1/4,1/3,1/2,2/3,1\ \text{in}$ 这 5 种)的摄像机多用于视频监控系统。

B.选择镜头的焦距

焦距与视场角成反比,根据视场角镜头可分为以下 5 种:

a.长角镜头。

b.标准镜头。

c.广角镜头。

d.超广角镜头。

e.鱼眼镜头。

其中,长角镜头、标准镜头和广角镜头用于视频监视系统。各种镜头的对比见表 4-1-1。

表 4-1-1　各种镜头的对比

镜头名称	区　别
长角比标准	焦距较长,监控距离远
广角比标准	视场角较大,监控范围宽

物体在靶面上的成像如图 4-1-19 所示。其中,f 为焦距,a,b 为镜头成像尺寸,L 为视距,H 为视场垂直高度,W 为视场宽度。

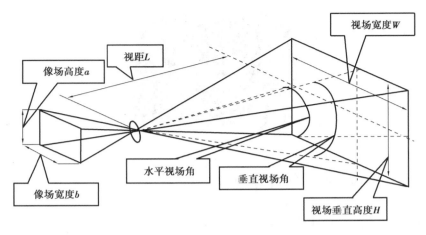

图 4-1-19　物体在靶面上成像示意图

其计算公式为

$$f = \frac{aL}{H}$$

$$f = \frac{bL}{W}$$

例　用 1/2 in 的镜头监控离镜头 0.85 m 远的一栋建筑物,建筑物高 3 m,宽 2.5 m。问应选择焦距为多大的镜头画面上才不会出现黑角现象。

解　根据题意可知

$a = 12.7$ mm, $b = 12.7$ mm, $W = 2.5$ m = 2 500 mm

$H = 3$ m = 3 000 mm, $L = 0.85$ m = 850 mm

代入公式 $f = \dfrac{aL}{H}$, $f = \dfrac{bL}{W}$ 可知

$$f = \frac{bL}{W} = 12.7 \text{ mm} \times 850 \text{ mm}/2\ 500 \text{ mm} = 4.32 \text{ mm}$$

$$f' = \frac{aL}{H} = 12.7 \text{ mm} \times 850 \text{ mm}/3\ 000 \text{ mm} = 3.60 \text{ mm}$$

又由于焦距与视场角成反比,故选择较小的值为镜头的焦距。因此,选取焦距为3.5 mm的镜头(因为该系列镜头满足要求)。

②镜头的安装

安装镜头时,首先去掉摄像机及镜头的保护盖,然后将镜头轻轻旋入摄像机的镜头接口并使之到位。对于自动光圈镜头,还应将镜头的控制线连接到摄像机的自动光圈接口上,对于电动两可变镜头或三可变镜头,只要旋转镜头到位,则暂时不需校正其平衡状态。

③镜头的调试

A.调试的目的

使呈现在监视器上的画面较为清晰。调试主要是调镜头的焦距、光圈等。

B.调试步骤

a.用线缆将摄像机连接到矩阵主机上,并打开设备电源。

b.打开监视器,并观察监视器中的画面。

c.在镜头前放置一个物体,放松镜头上的固定螺钉(一般有两个)。

d.调节镜头的焦距(在镜头上标识为 N ◀▶ ∞),使监视画面达到清晰;把该固定螺钉旋紧。

e.调节聚焦(在镜头上标识为 W ◀▶ T),使监视画面最清晰,把该固定螺钉旋紧。

4)摄像机的接线

①枪形摄像机

枪形摄像机如图 4-1-20、图 4-1-21 所示。它共有 3 根引出线。

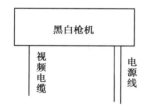

图 4-1-20 黑白枪机引出线示意图   图 4-1-21 彩色枪机引出线示意图

②半球彩色摄像机

半球彩色摄像机如图 4-1-22 所示。它共有 3 根引出线。

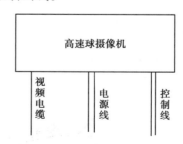

图 4-1-22 半球摄像机引出线示意图   图 4-1-23 高速球摄像机引出线示意图

③高速球摄像机

高速球摄像机如图 4-1-23 所示。它共有 5 根引出线。

一般凡是有 5 根引出线的摄像机是带云台的(其中,两根控制线接云台),凡是有 3 根引出线的摄像机不带云台。

（2）安装工具简介

1）安装工具

①螺钉旋具

螺钉旋具是用于紧固或拆卸螺钉的工具。按头部形状的不同，可分为一字形和十字形两种，如图 4-1-24、图 4-1-25 所示。

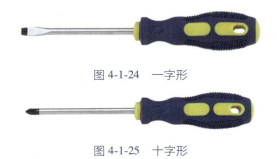

图 4-1-24　一字形

图 4-1-25　十字形

②活扳手

活扳手是用于紧固或拆卸螺母的工具。它由头部和手柄两个部分组成，如图 4-1-26 所示。

图 4-1-26　活扳手

③钢丝钳

钢丝钳用于夹持或切断。它主要由钳头和手柄两部分组成，如图 4-1-27 所示。

图 4-1-27　钢丝钳

图 4-1-28　电锤

④电锤

电锤是在安装物表面钻孔的工具。它主要用于混凝土及砖石墙面上的钻孔、开槽等操作,如图 4-1-28 所示。

2)测量、定位工具

①直尺

直尺是用于测量设备安装位置、划线定位的工具,如图 4-1-29 所示。

图 4-1-29 钢直尺

②水平尺

水平尺是用来测量、检测水平度及垂直度的工具,如图 4-1-30 所示。

图 4-1-30 水平尺

3)固定元件

①膨胀螺栓

膨胀螺栓一般用于强度低的基体上,孔的直径比膨胀螺栓的直径大 1 mm 左右,如图 4-1-31所示。

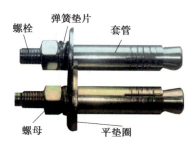

图 4-1-31 膨胀螺栓

②膨胀螺管及木螺钉

膨胀螺管及木螺钉如图 4-1-32、图 4-1-33 所示。

图 4-1-32 膨胀螺管（又称涨塞）

图 4-1-33 木螺钉

学习目标

1.会摄像机的安装与固定。

2.掌握摄像机的接线方法。

3.会摄像机的调试与运行。

学习过程

（1）枪形摄像机的安装

1）安装要求

①安装区域

枪形摄像机一般安装在：

a.取款机、银行柜台、超市收银台等网络监控场所。

b.看护所、幼儿园、学校等需要提供远程监控服务场所。

c.桥梁、隧道、路口等户外交通状况监控场所。

d.道路交通监控场所等。

②安装场所的要求

保持安装环境的良好通风条件，避免在剧烈振动环境下安装；室内使用的枪形摄像机要做好防潮、防高温及防雨淋等措施。

2）安装施工

①安装规程

a.枪形摄像机室内安装高度最好为 2.5～5 m，室外安装高度最好为 3.5～10 m。

b.安装在小区门口时摄像机安装角度建议最好为 30°～60°；安装在收银台时，摄像机安装角度建议最好为 ±15°～20°。总之，摄像机尽量避免逆光摄像情况的出现。

②安装步骤

a.安装前的检查。包括：木螺钉的大小与膨胀螺管是否配套，如图 4-2-1 所示；接线口的位置是否合适及线路是否通畅,等等。

b.将镜头安装在摄像机上(红外摄像机和一体摄像机不需要此步骤,见图4-2-2),并在接入前,接通电源,连通主机,监视器等调好光圈及焦距。

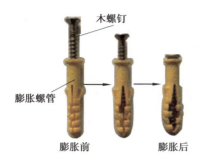

图4-2-1　木螺钉与膨胀螺管

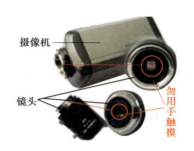

图4-2-2　安装镜头

c.在预先确定好的位置上,安装摄像机的支架(一般有吊装和侧装两种),如图4-2-3所示。

d.在灰尘较多的环境内安装摄像机时,要加装摄像机护罩。安装完成后,再拆除。

e.将焊好的视频电缆BNC插头顺时针旋入摄像机的视频插座内,如图4-2-4所示。

f.将电源适配器的电源输出插头插入摄像机的电源输入插座上(一般摄像机采用500~800 mA、12 V电源供电;红外摄像机采用1 000~2 000 mA、12 V电源供电),如图4-2-5所示。

g.接通电源和监控主机,观察显示器里的图像;调整摄像机的光圈及焦距。

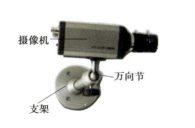

图4-2-3　将摄像机安装到支架上

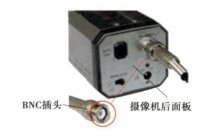

图4-2-4　接好BNC插头

图4-2-5　接电源

3）调试

调试步骤如下：

a.不带云台的枪机（枪形摄像机的简称），要人工调好摄像机的角度。带云台的枪机,省略此步骤。

b.一般枪机在接通电源和监控主机的基础上,在镜头前放置一个物体,人工手动调节镜头直到显示器里出现清晰的图像为止。一体化枪机按照说明书调光圈及焦距。

c.在室外或灰尘较多的场合使用的枪机要上好防护罩。

（2）半球形摄像机的安装

1）安装要求

①安装区域

半球形摄像机一般安装在电梯轿厢或办公室等空间相对狭小的场所。

②安装环境要求

a.避免置于潮湿、多尘、极冷、极热及强电磁辐射等场所。

b.镜头避免对准强光源,防止造成过亮或拉光现象（会缩短摄像机使用寿命）。

2）安装施工

①安装时的注意事项

a.摄像机属于精密仪器,严禁强烈碰撞与敲击。

b.使用前,要确定电源电压于摄像机额定电压是否匹配。

c.请勿直接碰触到CCD光学元件。必须清洁时,要用蘸了酒精的干净布,轻轻地拭去尘污。

d.发现摄像机工作异常时,应立刻拔掉电源,查找原因。

②安装步骤

a.安装前的检查。包括:木螺钉的大小与膨胀螺管是否配套,接线口的位置是否合适,以及线路是否通畅等。

b.选择合适的安装位置。首先确定安装位置,用铅笔在天花板上把上罩的轨迹画下来,开相应大小的孔,将上罩嵌入天花板;然后通过摄像机的水平角度螺钉调整摄像机的水平位置,如图4-2-6所示。

c.将摄像机固定在底座上,然后将弹簧压块压在天花板开孔的边缘,用螺丝刀拧紧调整弹簧夹的螺杆,使半球罩（又称防护罩）牢固地平嵌入天花板,如图4-2-7所示。

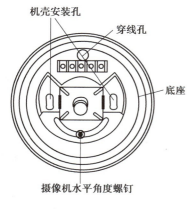

图 4-2-6　摄像机底座安装　　　　图 4-2-7　安装摄像机机身

3）调试

调试步骤如下：

a.用 75 Ω 同轴电缆连接视频输出到监视器或影像处理设备，并接通电源。

b.松开水平角螺钉，调整合适的角度，使摄像机能拍摄到应拍摄的目标，然后拧紧螺钉。

c.松开倾斜角螺钉，调整合适的角度，使摄像机能拍摄到应拍摄的目标，然后拧紧螺钉。

d.调整镜头聚焦，使目标物最清晰。

e.盖上半球罩，使半球罩上开的小窗对准摄像机的镜头。

（3）球形摄像机的安装

球形摄像机一般包括低速球、中速球和高速球摄像机 3 种。通常高速球摄像机应用较多，这里以高速球摄像机为例，说明球形摄像机的安装。

根据高速球的安装方式不同，可将安装分为壁挂式安装和吊式安装两种方式。

1）支吊架的安装

首先用铅笔将壁挂式支架 4 个安装孔相对位置画在墙上，然后用膨胀螺栓将支架固定板安装在墙上（或用铅笔将固定盘的 3 个安装孔相对位置画在房顶上，后用膨胀螺栓将固定盘固定在房顶上）。

2）摄像机的安装

将摄像机连同云台一起放置在支吊架上，旋紧螺钉固定。

3）视频线的安装

按照使用说明书，将电源线、视频线和控制线等用压板扣紧，然后穿小孔引出。

4）保护罩的安装

将球罩顶上方对准支架圆孔扣紧，用螺丝刀把支架上 3 个螺钉打紧，使螺钉打入螺钉卡槽内。

活 动 3　汇 报 与 评 价

（1）学习汇报

以小组为单位,选择实物、展板及文稿的方式,向全班展示、汇报学习成果。其内容包括:

①常用工具的作用和正确使用方法。

②摄像机的安装方法和步骤。

③摄像机的调试方法。

④展示人员分配架构图,说明每位学生在加工过程中所起到的作用。

（2）综合评价

综合评价见表4-3-1所示。

表 4-3-1　综合评价表

评价项目	评价内容	评价标准	评价方式		
			自我评价	小组评价	教师评价
职业素养	安全意识责任意识	1.作风严谨,遵章守纪,出色地完成任务 2.遵章守纪,较好地完成任务 3.遵章守纪,未能完成任务或虽然完成任务但操作不规范 4.不遵守规章制度,且不能完成任务			
	学习态度	1.积极参与教学活动,全勤 2.缺勤达到本任务总学时的5% 3.缺勤达到本任务总学时的10% 4.缺勤达到本任务总学时的15%			
职业素养	团队合作	1.与同学协作融洽,团队合作意识强 2.与同学能沟通,团队合作能力较强 3.与同学能沟通,团队合作能力一般 4.与同学沟通困难,协作工作能力较差			

续表

评价项目	评价内容	评价标准	评价方式		
			自我评价	小组评价	教师评价
专业能力	正确使用工具	1.熟练使用工具,工作完成后能清理现场 2.熟练使用工具,工作完成后未能清理现场 3.不能熟练使用工具,工作完成后能清理现场 4.不会使用工具,工作完成后未能清理现场			
	工件加工	1.按时完成加工任务,操作步骤正确,工件美观、完整 2.按时完成加工任务,操作步骤正确,工件完成质量较差 3.按时完成加工任务,操作步骤不正确,工件完成质量较差 4.未按时完成加工任务			
	专业常识	1.按时、完整地完成工作页,问题回答正确 2.按时、完整地完成工作页,问题回答基本正确 3.不能完整地完成工作页,问题回答错误较多 4.未完成工作页			
创新能力		学习过程中提出具有创新性、可行性的建议	加分奖励:		
学生姓名			综合评价		
指导教师			日期		

工作页

小组人员分配清单见表 4-3-2。

表 4-3-2　人员分配清单

序号	姓　名	角　色	在小组中的作用	小组评价
1				
2				
3				

续表

序号	姓　名	角　色	在小组中的作用	小组评价
4				
5				

材料识别工作页见表4-3-3。

表4-3-3　材料清单

名　　称	常用种类	组成部分	适用场所	不适用场所	图　片
枪形摄像机					
半球形摄像机					
球形摄像机					
网络摄像机					
云台					
支、吊架					

工具识别工作页见表4-3-4。

表 4-3-4 工具清单

名 称	作 用	结 构	使用要求	注意事项
螺钉旋具				
冲击钻				
尖嘴钳				
活扳手				

在实训板上安装、连接视频监控系统。

①元件布置图(其中,画面分割器可有可无)如图 4-3-1 所示。

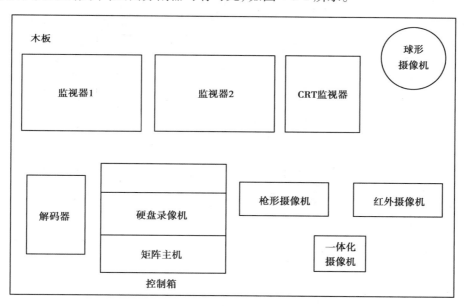

图 4-3-1 元件安装位置图

②视频部分接线图如图 4-3-2 所示。

③施工步骤工作页见表 4-3-5。

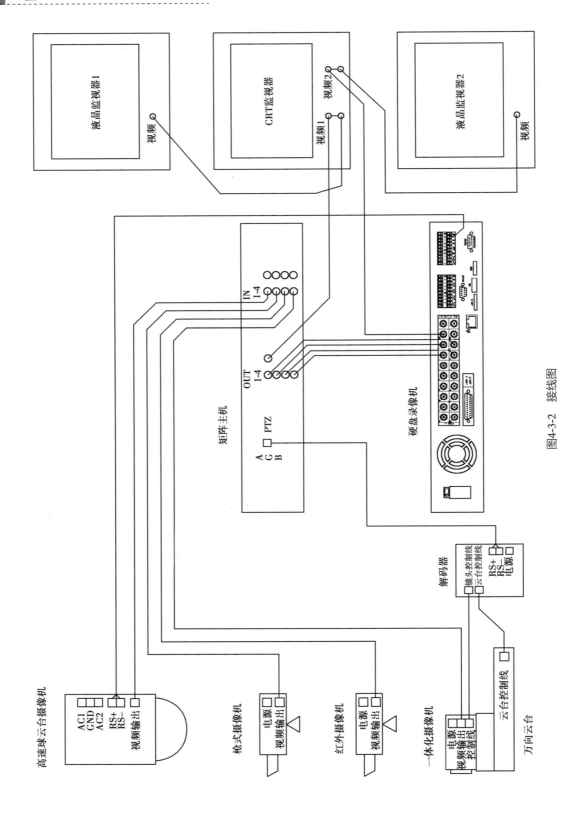

图4-3-2 接线图

表 4-3-5　施工清单

加工步骤	施工方法	施工要求	注意事项	存在问题及解决措施
显示器的安装				
控制箱的安装				
支吊架及球机的安装				
半球机的吸顶安装				
云台及枪机的安装				
线路连接				
系统的调试				

任务5
执行与驱动设备的安装与调试

任务目标

1.了解执行器与驱动设备的分类方法与结构特点。

2.掌握执行器与驱动设备的工作原理以及在自动化系统中的作用。

3.掌握电动执行器的结构、特点和使用范围,会安装、调试和使用常用的电动执行器。

4.掌握气动执行器的结构、特点和使用范围,会安装、调试和使用常用的气动执行器。

5.掌握液动执行器的结构、特点和使用范围,会安装、调试和使用常用的液动执行器。

6.掌握驱动设备(即伺服电动机及步进电动机)结构、特点和使用范围,会安装、调试和使用常用的驱动设备。

7.掌握执行器及驱动设备安装的相关规范与法规,会正确合适的设备。

8.作业完毕后能按照电工作业规范清点、整理工具;收集剩余材料,清理作业垃圾。

9.完成本次作业的评价及评分工作。

工作情境描述

在假想的空间内安装执行器,并组建模拟自动控制及自动化仪表系统(用 DDC 及传感器、执行器),观察自动设备工作情况。

活动1 熟悉设备及工具

学习目标

1.了解执行器的种类和特点。

2.了解驱动设备的结构和组成。

3.掌握执行器的选择方法。

4.会正确使用执行器安装工具。

学习过程

(1)执行器及驱动设备简介

1)执行器种类和特点

执行器又称执行机构,是一种自动控制领域的常用机电一体化设备,是自动化控制系统及自动化仪表系统(即检测设备、调节设备或控制设备、执行设备)的重要组成部分。它主要是对一些设备和装置进行自动操作,实现其开关和调节,代替人工作业。按动力类型,可分为气动、液动和电动等;按运动形式,可分为直行程、角行程和回转型(多转式)等。其中,因为应用面较广、操控方便,电动型执行器应用较多。电动型按不同标准,又可分为组合式结构、机电一体化结构,以及电器控制型、电子控制型、智能控制型(带 HART、FF 协议)等。

①电动执行器

电动执行器分为

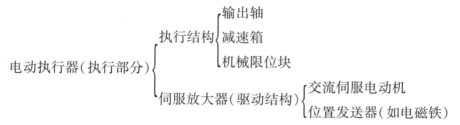

电动执行机构由控制部分和执行部分两个相互独立的整体构成。执行机构为现场就地安装式结构,在减速器箱体上装有交流伺服电机和位置发送器。

电动执行器一般制作成阀门的形状,主要用于控制液体流量的阀门或控制风门大小的阀门。

电动执行器以电动机(伺服电动机或步进电动机)作为动力源。其特点是:能源取用方便,信号传递迅速,结构复杂,但防爆性能较差。

②气动执行器

气动技术是以空气压缩机为动力源,以压缩空气为介质,进行能量或信号传递的工程技术。它是实现各种生产控制、自动控制的重要手段之一。

气动执行器是以气动技术为基础,利用压缩空气为动力,推动机构动作的设备。

气动执行器的特点是:结构简单,动作可靠,输出推力大,防火防爆,维修方便,但也有输出力矩较小,低速不稳定,以及速度易受负载影响等特点。

气动控制系统主要由气源系统、控制阀部分和驱动设备等组成,即

$$
气动控制系统\begin{cases}气源系统:对空气进行净化、干燥及压缩等处理并进行压力保护\\控制阀部分:利用电磁阀进行流量(信号大小)及流向(移动方向)控制\\驱动设备:利用气缸将压缩空气的能量转化为机械能,实现直线、摆动或\\\qquad\qquad 回转等运动\end{cases}
$$

③液动执行器

液压传动是以液体作为工作介质进行能量传递的传动方式。它主要是利用液体压力能来传递能量。

液压执行器是以液体为工作介质,满足液压传动的基本规律和要求,并能带动生产机械

完成直线行程、角行程或回转行程的设备。

液压系统主要由动力元件、执行元件、控制调节元件、辅助元件及工作介质等组成,即

液压系统
- 动力元件:将机械能变成压力能的设备,如液压泵
- 执行元件:将压力能变成机械能的设备,如油缸
- 控制调节元件:控制液压油的流量、压力及运动方向,如换向阀、调速阀等
- 辅助元件:提供压力油通路或存储空间,如油管、油箱和过滤器等
- 工作介质:能量传递的载体,如液压油

一般情况下,将执行元件、控制调节元件及其他部分制作在一起,这种设备称为液压执行器。

液压执行器的特点是:功率密度高,传动平稳,并且能实现无级调速,但它也有成本较高、传送效率较低的特点。

2)驱动设备的结构及组成

在电动执行器、气动执行器及液动执行器中的驱动设备就是它们的动力元件,如电动机、气压泵、液压泵等。但从能量转换方便性出发,原始动力都采用电动机承担。因此,这里主要介绍伺服电动机及步进电动机。

①伺服电动机可分为交流伺服电动机和直流伺服电动机两类。伺服电动机又称执行电动机,其功能是将输入的电压控制信号转换为轴上输出的角位移和角速度,驱动控制对象。

伺服电动机具有较小的转动惯性和较大的制动转矩。因此,它的可控性好,反应迅速。是自动控制系统和计算机外围设备中常用的执行元件。

伺服电动机也是由定子和转子组成,但它的转子结构较特别,是空心杯状。

②步进电机是利用电磁铁的作用原理,将脉冲信号转换为线位移或角位移的电机。每来一个电脉冲,则步进电机转动一定角度,并带动机械移动一小段距离。

步进电动机的这一特点符合数字控制系统的要求。因此,它在数控机床、钟表工业及自动记录仪等方面都有很广泛的应用。

步进电动机主要有励磁式和反应式两种。

步进电动机也是由定子和转子组成,但它的定子结构较特别,有三相单三拍、三相六拍和三相双三拍等。

(2)识读执行器及驱动设备

1)元件简介

①电动执行器

电动执行器的核心部件是伺服(或步进)电动机或电磁铁。

电动执行器按照输出的执行方式,可分为角行程电动执行器、直线行程电动执行器和多转式电动执行器等。执行器与控制阀合在一起,则称为电动调节阀。

其中,直线行程的一般称为电磁阀,如图5-1-1所示。

角行程的一般称为电动角阀,如图5-1-2所示。

电动执行器按照控制阀的类型,可分为电动调节阀、电动球阀和电动蝶阀等。

图 5-1-1　电磁阀

图 5-1-2　电动角阀

A.电动调节阀

可根据管道内压力变化,自动消除阀后压力异常变化,消除偏差的电动执行器,如图5-1-3所示。

B.电动球阀

电动球阀是由电动执行结构与球形阀体共同构成的,如图5-1-4所示。它是一种远距离控制管道介质的开关设备。其中,球形阀体是指启闭件(球体)由阀杆带动,并绕阀杆的轴线作旋转运动的阀门。特别适用于含纤维、微小固体颗粒等管道介质的管道上的控制。通常有电动法兰球阀、电动对夹球阀、电动焊接球阀及电动丝扣球阀等。

C.电动蝶阀

电动蝶阀是由电动执行结构与碟形阀体共同构成的,如图5-1-5所示。该产品可用作管道系统的切断,控制阀和止回阀。其中,碟形阀体是指启闭件(圆盘形碟板)由阀杆带动,旋转角度为0°~90°,并绕阀杆的轴线作旋转运动的阀门。电动蝶阀适用于需要流量调节的场合,如广泛用于纺织、电站、石油化工、供热制冷、制药、造船、冶金、轻工、环保等领域。按照连接方式,可分为法兰式和对接式两种。

图 5-1-3　电动调节阀

图 5-1-4　电动球阀

图 5-1-5　电动蝶阀

②气动执行器

气动执行器的核心部件是气缸或气压马达。

气动执行器按照控制内容,可分为压力控制阀、方向控制阀和速度控制阀 3 种方式,如图 5-1-6 所示。

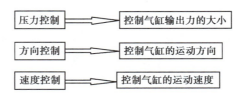

图 5-1-6　控制方式

气动执行系统为

气动执行系统 $\begin{cases} 能量供给——供给元件,如空气压缩机、存储器、调压阀及净化器等 \\ 信号输入——输入元件,如手孔阀、行程阀和接近开关等 \\ 信号处理——加工元件,如单向阀、逻辑元件、压力控制阀及计数器 \\ 信号输出——控制元件,如换向阀 \\ 命令执行——执行元件,如气缸、气压马达 \end{cases}$

由于命令执行元件气缸一般作直线运动,故气动执行器也称直线执行器。它分为单作用式和双作用式两种。

A.DA 气动执行器

DA 气动执行器为单作用式气动执行器,一般分为正作用式和反作用式两种。所谓正作用,是指信号压力增大时,推杆向下移动;反作用是指信号压力增大时,推杆向上移动。DA 气动执行器如图 5-1-7 所示。将气动执行器与阀体组合成一体就构成了气动阀,如图 5-1-8 所示。

图 5-1-7　执行器　　　　　　　　　　图 5-1-8　气动阀

B.GA 气动执行器

GA 气动执行器为双作用式气动执行器,GA 气动执行器如图 5-1-9 所示,气动阀如图 5-1-10所示。

图 5-1-9　执行器

图 5-1-10　气动阀

③液动执行器

液动执行器主要组成部件是油缸或液压马达。

液动执行器是一种应用率较低的设备,通常用在控制要求较高的特殊工况下,如大型的电厂或石化厂才有应用。根据结构不同,可分为通用式(见图 5-1-11)、直线式(见图 5-1-12)和拨叉式(见图 5-1-13)等。

图 5-1-11　通用式液动执行器

图 5-1-12　直线式气动执行器

图 5-1-13　拨叉式气动执行器

④驱动设备

A.伺服电动机

伺服电动机将电压信号转换为转矩和转速以驱动控制对象的驱动设备,如图 5-1-14所示。

伺服电动机内部的转子是永磁铁,驱动器控制的 U/V/W 三相电形成电磁场,转子在此磁场的作用下转动,同时电机自带的编码器反馈信号给驱动器,驱动器根据反馈值与目标值进行比较,调整转子转动的角度。

B.步进电动机

步进电动机将脉冲信号转换为角位移或线位移,如图 5-1-15 所示。

在非超载的情况下,电机的转速、停止的位置只取决于脉冲信号的频率和脉冲数,而不受负载变化的影响。当步进驱动器接收到一个脉冲信号,它就驱动步进电机按设定的方向转动一个固定的角度,称为"步距角"。它的旋转是以固定的角度一步一步运行的。可通过控制脉冲个数来控制角位移量,从而达到准确定位的目的;同时,可通过控制脉冲频率来控制电机转动的速度和加速度,从而达到调速的目的。

图 5-1-14　伺服电动机　　　　　　　图 5-1-15　步进电动机

2)安装与测量工具简介

①测量工具

A.塞尺

塞尺是由一组具有不同厚度级差的薄钢片组成的量规,用于测量间隙尺寸,如图 5-1-16 所示。

图 5-1-16　塞尺

B.游标卡尺

游标卡尺是一种测量长度、内外径、深度的量具,如图 5-1-17、图 5-1-18 所示。

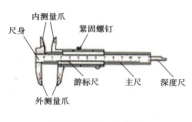

图 5-1-17 示意图

图 5-1-18 实物图

②安装工具

A.螺钉旋具

螺钉旋具是用于紧固或拆卸螺钉的工具。按头部形状的不同,有一字形和十字形两种,如图 5-1-19、图 5-1-20 所示。

图 5-1-19 一字形   图 5-1-20 十字形

B.活扳手

活扳手是用于紧固或拆卸螺母的工具。它由头部和手柄两个部分组成,如图 5-1-21 所示。

图 5-1-21 活扳手

(3)执行器及驱动设备的结构及工作原理

1)电动执行器结构及工作原理

①电动执行器结构

电动执行器主要包括应用于管道或风道的各种阀门或风道挡板。它主要由动力部分(包括伺服电动机和电磁铁)、控制部分(各种阀门及挡板)、减速部分及辅助部分组成。

角行程:输出力矩和90°转角,用于控制蝶阀、球阀、百叶阀、风门、旋塞阀及挡板阀等。

直行程:输出推力和直线位移,用于单、双座调节阀、套筒阀、高温高压给水阀及减温水调节阀。

多转式:输出力矩和超过360°的转动,用于控制各类闸板阀、截止阀、高温高压阀、减温水阀及需要多圈转动的其他调节阀。

A.动力部分

动力部分为执行器提供动力来源,它将电能转换成机械能供执行器使用。其中,伺服电动机提供角行程、电磁铁提供直线行程。

B.控制部分

控制部分具有设定程序、故障自诊断、状态报警和记录、显示和通信功能。通常由阀体、定位器(伺服放大器)、位置发生器(电位器、霍尔元件及编码器等)及开关元件等组成。其中,阀体的作用是控制流体介质的流量、流速等相关信息;定位器是执行元件,根据相关指令控制阀体的开度及状态;位置发生器及开关元件是传感元件,它可将阀体开度及状态信息反馈到输入端,对执行器进行闭环控制。

C.减速部分

将电动机的转速(较高转速)转化成阀体较适应的转速(较低转速)。常用的有正齿轮传动、涡轮蜗杆齿轮传动、行星齿轮传动及滚轴丝杠传动等。

D.辅助部分

辅助部分包括:

a.手轮部件:断电和调试时操作执行器。

b.阀位显示部件:现场显示执行器阀位情况。

c.电气及机械限位装置:双重保护,智能型产品有采用电流传感器技术来实现限位和力矩保护功能。

d.力矩保护开关:过力矩时对执行器的减速机构进行保护。

e.加热电阻:保持电气盒空间一定的温度,在低温时不会结露,使电气部件受潮。

电动执行器实物如图5-1-22所示。

②电动执行器工作原理

接收到控制信号后,伺服电动机转动带动减速装置转动,使阀门开启或关闭。控制流体介质的流量、流速等。同时,传感器将阀门相关信息再转换为电信号,传给控制电路。

2)气动执行器的结构及工作原理

①气动执行器的结构

A.供给元件(气源)

供给元件(气源)包括空气压缩机(见图5-1-23)、储气罐(见图5-1-24)、空气净化设备和输气管道等。其作用是为气动设备提供清洁、干燥、恒压及足够流量的压缩空气,它是气动系统的能源装置。气源的核心是空气压缩机,它将原动机的机械能转换为气体的压力能。

图 5-1-22　电动执行器结构示意图

1—伺服电动机;2—行程和力矩传感器;3—减速装置;

4—阀门附件;5—手动轮;6—执行器控制板;

7—电气接线端;8—现场总线板

图 5-1-23　空气压缩机

图 5-1-24　储气罐

　　空气净化设备由过滤器、减压阀及油雾器组成,如图 5-1-25 所示。其中,过滤器的作用是将空气中的水分、杂质、油污等过滤掉,获取清洁、干燥的空气。

　　减压阀的作用是调整压缩空气的压力,一旦调整到合适的压力时,就将锁定装置锁定,避免误操作,如图 5-1-26 所示。

　　油雾器的作用是将油雾器里的润滑油通过

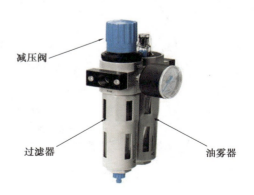

图 5-1-25　过滤器

气管送到气缸里,达到润滑气缸的目的,如图 5-1-27 所示。

图 5-1-26　减压阀

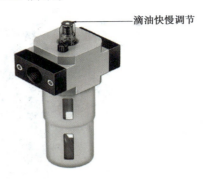

图 5-1-27　油雾器

B.执行元件(气缸及气压马达)

作直线运动时,采用气缸,如图 5-1-28 所示;作摆动或回转运动时,采用气压马达。气缸一般由缸筒、前后缸盖、活塞、活塞杆、密封件及紧固件等组成。

气压马达(叶片式)主要由马达壳体、叶片、配气孔、曲轴及连杆等组成,如图 5-1-29、图5-1-30所示。

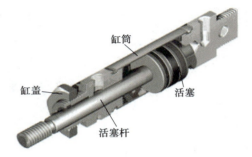

图 5-1-28　气缸

C.控制元件(电磁换向阀)

电磁换向阀主要由电磁铁、阀体及阀芯等组成,如图 5-1-31 所示。其作用是改变流入气缸的气体方向等参数,从而控制气缸的运动状态。

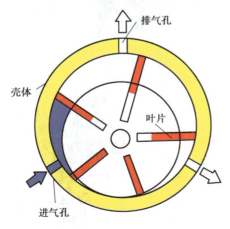

图 5-1-29　气压马达结构示意图

图 5-1-30　气压马达实物图

图 5-1-31　电磁阀剖面图

D.其他元件(输入元件及信号处理)

这里不再赘述。

②气动执行器工作原理

首先由气源提供清洁、干燥的恒压和足够流量的压缩空气;其次按照事先设定好的程序用电磁换向阀控制气流的运动规律;再次通过气缸或气压马达将压缩空气的压力能转换成机械能带动生产机械运动;最后反馈元件将输出信号取回于输入信号进行比较,实现自动调节或控制。

3)液动执行器结构及工作原理

①液动执行器结构

A.动力元件

动力元件由液压泵(见图 5-1-32)、油箱和滤油器等组成。其中,液压泵的作用是提供足够压力和流量的压力油。

油箱的主要作用是储存油液,同时还有散热、滤除杂质和分离气泡的作用,如图 5-1-33 所示。

图 5-1-32　液压泵

滤油器一般由滤芯(过滤网)和壳体组成。其作用是滤除油液中的杂质,如图 5-1-34、图5-1-35 所示。

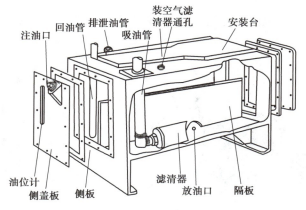

图 5-1-33　油箱结构示意图

图 5-1-34　管道滤油器

图 5-1-35　油箱滤油器

B.执行元件

执行元件作用有油缸(见图 5-1-36)和液压马达(见图 5-1-37)两种。其中,直线运动时,采用油缸;摆动或回转运动时,采用液压马达。

图 5-1-36　液压油缸

图 5-1-37　液压马达

C.控制调节元件

控制调节元件有换向阀、压力控制阀和流量控制阀等。

换向阀是通过控制液压油的流动方向来实现操纵执行元件运动方向的元件。它有液动换向阀、手动换向阀及电磁换向阀等。这里主要介绍电磁换向阀,如图 5-1-38 所示。

压力控制阀是控制压力高低的控制阀,主要利用阀芯上液体压力于弹簧压力相平衡的原理工作的。压力控制阀主要由溢流阀、减压阀、比例式压力阀及压力继电器等组成。

溢流阀的作用是当系统内压力过大时,产生一条旁路使液压油能流回油箱,从而保持设定的压力,如图 5-1-39 所示。

图 5-1-38　电磁换向阀

图 5-1-39　溢流阀

压力继电器是一种将液压系统的压力信号转换为电信号输出的元件,如图 5-1-40 所示。其作用是根据液压系统压力的变化,通过压力继电器内的微动开关,自动接通或断开电气线路,实现执行元件的顺序控制或安全保护。

D.其他元件

这部分不再赘述。

②液动执行器工作原理

图 5-1-40　压力继电器

首先,由动力元件提供清洁、干燥的足够压力和流量的压力油;其次,按照事先设定好的程序用控制调节元件控制压力油的运动规律;再次,通过执行元件将压力油的压力能转换成机械能带动生产机械运动;最后,反馈元件将输出信号取回与输入信号进行比较,实现自动调节或控制。

(4)执行器的选择

1)知识准备

①自动控制系统构成

一个典型的自动化控制系统一般由被控对象、检测仪表、控制器及执行器组成。执行器的作用是:接收控制器输出的控制信号,直接控制能量或物料等,调节介质输送量,达到控制压力、流量、液位、温度等工艺参数的目的。

按照使用能源,执行器分为电动、气动和液动 3 种。执行器主要由执行结构及阀体两个部分组成。执行结构起推动作用,按照输入信号的大小,产生推力或位移;阀体起调节作用,接受执行结构的操纵,改变阀座于阀芯之间的流通面积,调节介质流量。

气动执行结构有薄膜式和活塞式(都属于气缸类)两种。薄膜有正作用式和反作用式两种。电动执行结构有直行程、角行程和多行程 3 种。它们都是由电动机带动减速装置执行的。阀体主要有调节阀、闸阀、压力阀及感应调节器等。

执行结构与阀体是相互独立的两个部分,它们可以相对固定的安装在一起;也可分开安装,然后用联轴器连成一个整体。

②适用范围

A.执行结构的适用范围

电动执行结构为优先选择的执行结构;气动执行结构主要用于安全性能要求高、防爆性能好的场所;液动执行结构可靠性能高、定位精度好的场所。

B.阀体适用范围

调节阀有蝶阀、V 形阀、球阀等。它们都可在一定的范围内均匀的调节介质的流量大小。蝶阀、V 形阀与球阀的不同主要在阀芯的结构上,蝶阀主要应用于石油、化工、煤气及水处理;球阀主要应用于食品、环保、轻工、石油、化工、造纸、轻纺及电力;V形阀主要应用于石油、化工、造纸、冶金及污水处理。

闸阀适用于不常启闭的通道的全开与全关控制,不适用于调节、节流应用。

压力阀有泄流阀、截止阀等。它们是根据管道内压力变化来调节阀门开度的设备。

2)执行器的选择

①选择依据

执行结构主要根据调节阀结构形式、调节阀流量特性及调节阀的口径3个方面来选择。

阀体主要根据过程控制要求、流体性质、工艺要求等选择。

②选择

根据可靠性、防爆性能及使用环境等来选择执行结构的类型是电动、气动还是液动。

根据流体性质,如流体种类、黏度、腐蚀性,是否含悬浮颗粒。工艺条件,如温度、压力、流量、压差及泄漏量。过程控制要求,控制系统精度、可调比、噪声等因素选择阀体的类型。

根据流量特性(包括直线特性或等百分比特性)可选择阀体的调节特性。

执行器或空气开关的配线选择为

(执行器或空气开关)配线的额定电流≥(执行器)电动机额定电流

或者估算为

(执行器或空气开关)配线的额定电流≥2~3倍电动机额定功率

其中,电动机功率单位是千瓦。

活动 2　执行器的安装与简单操作

学习目标

1.会执行器的安装及操作。

2.会驱动设备的安装与使用。

3.掌握相关法规及规范。

学习过程

(1)电动执行器的安装与操作

1)电动执行器的安装

不同类型或型号的电动执行器的安装调试方法不尽相同,但基本步骤基本相同。这里以奥托克(IK 开关型)自动电动执行器为例加以说明。

安装包括准备驱动轴套、执行器的安装及接线等。

奥托克(IK 开关型)自动电动执行器实物如图 5-2-1 所示。

①准备驱动轴套

奥托克(IK 开关型)自动电动执行器是将执行机构与阀体整合为一体的电动执行器。

A.拆下驱动轴套以备加工

拆下底座螺钉,卸下驱动轴套,如图 5-2-2 所示。

图 5-2-1　电动执行器

图 5-2-2　卸下轴套

B.阀杆尺寸不合适时,要对驱动轴套加工

首先拧下轴套挡圈,将轴承滑出,然后对轴承进行加工。拆卸轴承如图 5-2-3 所示。

对卡簧弹簧圈,要用长嘴胀钳将弹簧圈松开,同时将轴套挡圈取下来,如图 5-2-4 所示。

C.卸下驱动轴套,以备加工

通过底座的小孔,找到轴承挡圈定位螺栓;松开定位螺栓,取下驱动轴套。进行加工,如图 5-2-5 所示。

拆卸下来的驱动轴套有两种(种类较多,常用的有两种),如图 5-2-6、图 5-2-7 所示。

图 5-2-3　卸下轴承

图 5-2-4　松开挡圈

图 5-2-5　松开定位螺钉

图 5-2-6　法兰式轴套

图 5-2-7　键联轴套

D.重新组装驱动轴套

清除加工时产生的铁屑,保持轴承挡圈的润滑;将轴承装入驱动轴套,并确保于轴承的良好啮合;旋紧轴承挡圈,然后用螺钉将其固定在底座上。

②执行器的安装

A.侧面安装

将轴套吊装到与输入轴成直角的高度,执行器置于手动的位置,并将输入轴推入驱动轴套,校准后上紧固定螺栓。

B.顶部安装

图 5-2-8　密封

应确保推力杆与驱动轴套的连接紧密。

C.手轮密封

应确保手轮密封塞用聚四氟乙烯带密封并旋紧,以保障水汽不能侵入执行器的中心轴,如图 5-2-8 所示。

③接线

a.地线的连接。

b.电缆的连接。一般常用密封、防爆方法敷设。敷设线管管径要与执行器相匹配。

c.端子的连接。

外部配线情况见表 5-2-1。

表 5-2-1　配线表

	普通型(S 型)执行器	隔爆型(X 型)执行器
电源电缆	3 芯 $S = 1.5$ mm^2	3 芯 $S = 1.5$ mm^2 外径 $\phi 9 \pm 1$
信号电缆	4 芯 $S = 1.5$ mm^2	4 芯 $S = 1.5$ mm^2 外径 $\phi 11 \pm 1$
电缆引入口	2-PF(G1/2″)	可安装保护套管 PF3/4(G3/4″)
信号线	为避免干扰,信号线应选用屏蔽双绞线,信号线与电源线不得共用同根电缆	

2)电动执行器的操作

①手动操作

压下手柄使其处于手动位置,旋转手轮以挂上离合器,如图 5-2-9 所示。

②电动操作

抬起手柄使其处于电动位置,使手轮恢复到起始位置;检测电源电压与执行器铭牌上参数是否相符,没有问题时可以合上电源。

③选择现场/远程控制

红色旋钮可选择现场/远程操作,黑色旋钮可选择开/关操作,如图 5-2-10 所示。

图 5-2-9　挂离合器

图 5-2-10　选择开关

（2）气动执行机构的安装与维护

执行机构与阀体共同组成了执行器。气动执行机构有双作用式与单作用式两种。其结构如图 5-2-11、图 5-2-12 所示。其中，A，B 为进（排）气孔，C 为活塞，D 为输出轴齿轮，E 为锁紧螺母，F 为调节螺栓。

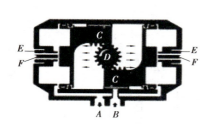

图 5-2-11　双作用式

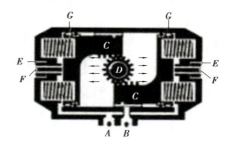

图 5-2-12　单作用式

这里以 GT 系列气动执行机构为例加以说明。

1）气动执行机构的安装

①安装前阀门扭矩测量

要求是阀门扭矩不超出要求扭矩。要求扭矩规定如下：

a.清洁、润滑的管道介质增加 20%安全值。

b.非润滑管道介质：水蒸气增加 20%安全值；干燥气体增加 60%安全值；颗粒粉料增加100%安全值。

②合理安装

要求执行结构中心轴与阀杆必须绝对同轴。

③装配后

必须满足阀门对气体对密封压力的要求，气源压力为 0.4~0.7 MPa；另外，应对执行结构进行反复实验，保障执行结构运行无停顿、卡阻现象。

2）气动执行机构的调试与使用维护

①执行结构与阀体可直接联接，也可通过联轴器联接。

②安装时，必须保证执行结构输出轴与阀门（或需要驱动设备）连接轴一定垂直。

③保证管内及接头处无粉尘、油污等,保持其清洁。

④如果系统运行时有噪声,应安装消声器或消声节流阀。

⑤执行器应定期进行维护与保养,定期排水防污。正常情况下,每6个月检查一次,每年检修一次。

(3)液动执行器的安装与维护

1)电液联动执行器的安装与维护

纯液动执行器一般很少,一般情况下,要么用电动机作动力源,要么用压缩空气作动力源。因此,组成了电液联动执行器或气液联动执行器两大类,这里分别介绍。

①液压控制系统组成

液压系统主要由油箱、油泵、蓄压器、射流管电液伺服阀及伺服油缸等组成。其中,BDY9-BI型执行器原理图如图5-2-13所示。其符号及含义见表5-2-2。

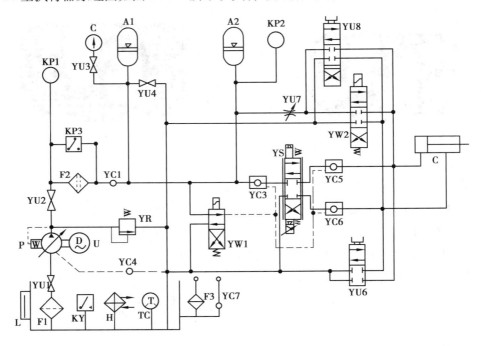

图 5-2-13 液压系统原理图

表 5-2-2 图中符号及含义表

符　号	含　义	作　用
P,M	油泵-电动机组	提供系统所需的压力油
A1,A2	蓄压器	存储容器及减小压力脉动
YV1,YV2	电磁换向阀	改变油路
YS	电液伺服阀	改变压力油流向、流量

续表

符　号	含　义	作　用
C	伺服油缸	将液压能转换成机械能
YM1,YM2,YM3,YM4	截止阀	更换设备时切断油路
YC1,YC2、YC3,YC4	单向阀	防止液压油倒流
YM7	节流开关	防止液压油快速流动
YM6,YM8	手动换向阀	改变油路
YC5,YC6	双液控单向阀	液压锁
YR	溢流阀	管内压力超过一定值时溢流保护
G	压力表	显示压力大小
KP1,KP2	压力变送器	将压力信号转换为电信号
F1,F2	过滤器	去除液压油内的杂质
KP3	压差继电器	压力差超过一定值时报警
KY	液位继电器	液位低压设定值时报警
TG	温度继电器	温度低压设定值时报警
L	液位计	显示油箱液位高度

②安装要求

a.拆包装、开箱、根据装箱单,全面检查机构,备件和技术资料是否齐全,确认机构在运输过程中无机械损伤和漏缺零部件,铭牌标志应符合订货要求。

b.起吊电液控制机构控制柜时,倾斜度≤10°,以免油箱中的液压油漏出。

c.控制柜与执行机构之间的距离应小于 10 m,同时尽量避免高温烘烤。必要时,可采取隔热措施。

d.控制柜与执行机构的液压管路连接,应采用不锈钢管($\phi16×2$ 或 $\phi12×1.5$)连接。安装前,不锈钢管必须经过严格酸洗。如不立即连接时,则需要装保护套,严禁脏物灰尘进入油路。

e.控制柜内油箱设有盘管式热交换器,起冷却或加热用,同一进出口应连接冷却水(水温 10~20 ℃,流量 10 L/min)和加热水(水温 70~90 ℃,0.4 MPa)或蒸汽,通过分别设置手动截止阀,用于冷却或加热调整。

f.电机电源线与电气控制线禁止布置在同一导管,连接导管尽量离开高温设备,严格对号接线。

g.控制柜与执行机构之间液压管路和接线导管均须采用防振夹子固定,软管部分可采用捆扎。

③系统维护

a.操作人员应按日检要求定期检查设备运行情况,观察设备运行是否正常,作好记录并及时处理。

b.油温调整:如果油温低于20 ℃应关闭冷却水截止阀,适当打开热水截止阀,调至油温至正常范围30~46 ℃;如果油温升至50 ℃,就关闭热水截止阀,或者适当打开冷却水截止阀,调至油温至正常范围。

c.液压油补充:在油箱低液位报警时,应及时补油,以免造成油泵吸空。

d.运行一个操作周期需要更换下列元器件:为了确保本机构可靠连续运行,每年检修中应视使用情况更换下列元件:

- 精滤器的滤芯。
- 压力补偿变量泵。
- 射流管电液伺服阀。
- 蓄压器重新充氮气。
- 化验工作油液的清洁度,并及时过滤加油。

e.液压泵的及时更换。

2)气液联动执行器安装与维护

①系统组成

气液联动系统由摆缸、(提升阀气路)控制块、手动泵装置、(电子)监控单元、油路系统及气路系统组成,如图5-2-14所示。

图5-2-14　气压系统气路部分

②安装要求

A.LBP-1000 的安装要求

a.起吊前,确保执行机构与阀门同在开位(或关位)。

b.采用尼龙等软材质吊绳。

c.执行机构与阀杆键槽位置偏离时,用手泵微调。

d.旋入所用安装螺栓后,整体对称紧固。

B.LBP-1000气液联动执行器的安装要求

a.不得碰撞、倒置、倾覆。

b.不得挤压管路、电缆。

c.不得碰撞、冲击。

d.执行器未可靠固定前,不得使吊绳松弛。

吊装如图 5-2-15 所示。

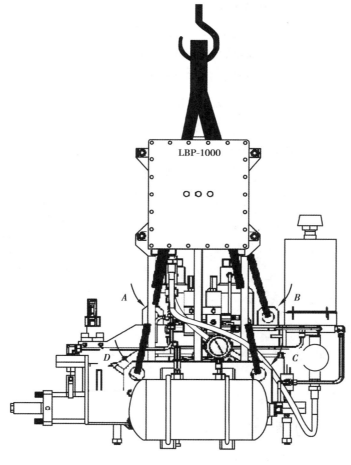

图 5-2-15　吊装

③系统维护

产品每使用 12 个月,检查维护一次,检查维护的项目如下:

a.检查气路、油路的密封情况。

b.检查气液罐液位,液压油的油质状况。

c.检查蓄电池电压、外供电源电压是否正常。

d.检查气动操作、手动泵操作是否正常。

e.检查和调校安全阀、压力容器。

f.清洗引压取气过滤器。

g.清洗气液罐流量调节阀上部滤芯。

（4）伺服电动机的安装与使用

1）伺服电动机的工作原理

伺服电动机具有反应迅速、可控性好等特点,因此,广泛应用于计算机及自动控制系统。常用的有直流伺服电动机和交流伺服电动机两种。

①直流伺服电动机

直流伺服电动机分为无电刷式和有电刷式两种。有电刷式伺服电动机使用一段时间后,电刷会磨损。更换电刷较麻烦,因此现在使用较少。无电刷式伺服电动机控制复杂,主要用于控制精度要求高的场所。由于较少使用,故此不再赘述。

②交流伺服电动机

A.交流伺服电动机的结构及特点

a.结构。交流伺服电动机有鼠笼式和杯形两种。伺服电动机有两组定子绕组:一组定子绕组为励磁绕组,它产生一个脉动的主磁场;另一组定子绕组为控制绕组,因为它的加入使脉动的主磁场变成一个椭圆形合成磁场。其中,杯形交流伺服电动机的转子为空心杯形状,为了减小磁路的磁阻,在空心杯内放置了内定子,如图 5-2-16 所示。

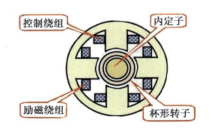

图 5-2-16 伺服电动机结构示意图

b.特点。交流伺服电动机与单相异步电动机相比具有以下特点:

● 启动转矩大。

● 运行范围广。

● 无自转现象(即失去控制电压,电动机转速立即停转)。

c.克服自转的措施。措施有:

● 转子采用壁厚仅为 0.2~0.3 mm 的铝合金空心杯体,减小了转动惯量。

● 加大转子电路的电阻,使电动机运行时保持有制动转矩,保障电动机随时能停转。

B.交流伺服电动机的工作原理

交流伺服电动机电路原理图如图 5-2-17 所示。定子绕组有两组:一组为励磁绕组,另一组为控制绕组。当励磁绕组通入交流电压时产生主磁场(脉动磁场),交流伺服电动机此时处于待转动状态。再在控制绕组上加上控制电压时,由于控制绕组与电容器 C 串联,改变了控制回路的电流 I_2 的相位角;当电容器的值选择的合适时,可使励磁回路电流 I_1 与控制回路电流 I_2 之间保持接近 90° 的相位差。此时,在两个电流共同作用下,就形成了旋转磁场。

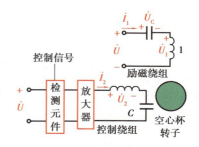

图 5-2-17　伺服电机原理图

空心杯转子被动的切割磁力线,产生感生电动势。由于空心杯转子可自行回路,又产生了感生电流。通电导体(电流)在磁场会受到电磁力的作用,转子受力旋转。伺服电动机将电能转换成了机械能。

因转子是由空心杯组成,其质量轻,转动惯量小,故启动及停止都较容易。又因为空心杯转子采用了高电阻材料制成,这使得一旦控制电压为零,电动机立即产生制动转矩,使伺服电动机立即停转。其合成转矩特性曲线如图 5-2-18、图 5-2-19 所示。

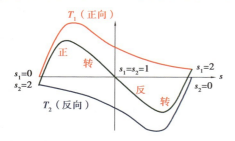

图 5-2-18　$0 < s_1 < 1$ 时的转矩特性曲线

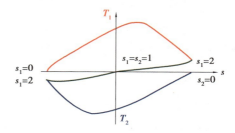

图 5-2-19　$s_m > 1$ 时的转矩特性曲线

转子绕组采用高电阻材料组成时,由上述可知,当励磁电压和控制电压同时存在时,电动机处于电动运行工作状态($0 < s_1 < 1$),电磁转矩与电动机转动方向保持一致,电动机转子连续运转。同时,当控制电压消失后,电动机处于制动工作状态($s_m > 1$),电磁转矩与电动机转动方向正好相反,电动机转子立即停转。

2)伺服电动机的安装与使用

①伺服电动机的安装(以 BPA4 系列为例说明)

A.结构

该伺服电动机系统主要由伺服电机和伺服驱动器组成,如图 5-2-20、图 5-2-21 所示。

图 5-2-20　伺服电机

图 5-2-21　伺服驱动器

B.安装

安装要求：

• 伺服电机控制电路上必须安装过电流保护器、漏电保护断路器及过热保护器等保护设备。

• 伺服驱动器必须与大地做可靠的电连接。

• 伺服电动机系统中必须安装一个外部紧急断电装置，以便在紧急情况下断开电源。

• 停电 10 min 后，才可以搬运、检查机器，才可接线操作。

伺服电机的安装：

• 安装位置：要求在室内、无水、无粉尘、无腐蚀气体，以及通风良好的场所。

• 安装方法：电机可以水平或垂直安装。水平安装时，电缆出口应向下；垂直安装时，要装配机械装置；防止油、水进入电机。

• 安装时，注意尽量使用弹性联轴器；注意径向、轴向负载不能过大；禁止敲打电机端盖、轴端，防止损坏编码器及轴承等。

伺服驱动器的安装：

• 安装位置：要求在室内、无水、无粉尘、无腐蚀气体，以及通风良好的场所。

• 安装方法：驱动器要垂直安装。

• 驱动器要安装在金属底板上。

• 驱动器应安装在干燥、通风良好的场所；必要时，要采用强制风冷方式保持良好的散热条件。

• 驱动器与电焊机（或放电设备等高频电源设备）同一电源供电时，要采用隔离变压器或有源滤油器等分开供电。

②伺服电动机的使用

a.使用流程如图 5-2-22 所示。

b.BPA4 伺服电动机系统总接线图如图 5-2-23 所示。

c.BPA4 伺服电动机系统面板说明：

• 面板：伺服驱动器面板如图 5-2-24 所示。

• 面板含义：伺服驱动器面板含义见表 5-2-3。

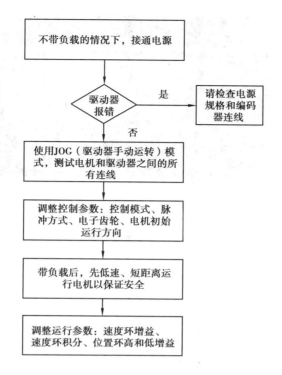

图 5-2-22　流程图

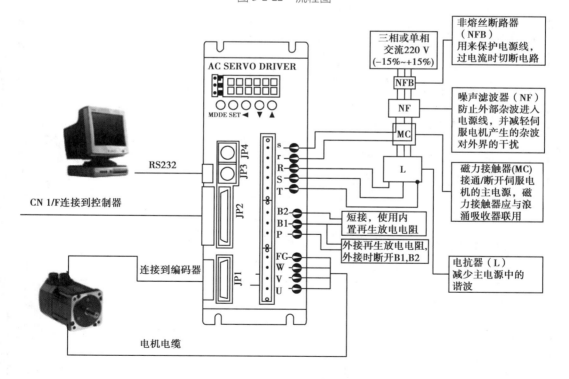

图 5-2-23　接线图

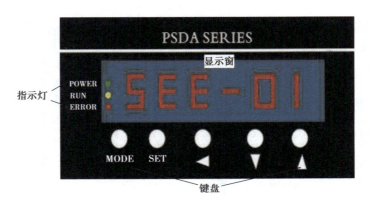

图 5-2-24　面板

表 5-2-3　面板含义表

区　域	名　称	定义	功　能	
			亮	灭
指示灯	POWER 指示灯	电源	供电正常	未供电或供电异常
	RUN 指示灯	运行	伺服 ON 有效,电机锁轴,可以接收外部指令信号	伺服 OFF,电机不锁轴,无法接收外部指令信号
	ERROR 指示灯	故障	故障指示	无故障
显示窗	数字显示窗口		6 位 LED 显示,显示参数和运行状态	
键盘	MODE 按键	模式	工作模式转换按键/清除故障按键	
	SET 按键	设置	确认按键	
	◄ 按键	移位	移位按键	
	▲ 按键	递增	数字递增按键	
	▼ 按键	递减	数字递减按键	

● 键盘"模式"操作:4 种工作模式操作见表 5-2-4。

表 5-2-4　操作模式表

模　式	显　示	功　能
监视模式	SEE-01	可实时监视系统运行的 10 个实时动态数据,如电流、速度等。方便快捷的参数监视,便于调试系统
参数模式	PR-SET	可通过驱动器的键盘进行参数设定,如增益、控制方式、电机类型等

续表

模　式	显　示	功　能
数据保存模式	EE-ALL	如需保存设定参数且使之在断电再次上电后生效,必须使用数据保存模式保存数据
辅助模式	AF-ENC	查询输入输出状态和出错信息、JOG 模式、缺省参数调用和保存

（5）步进电动机的安装与使用

1）步进电动机的工作原理

①步进电动机的作用及结构

A.作用

步进电动机是一种将电脉冲信号转换成机械角位移的控制电器。通常用在数字控制系统中作执行元件。

按照励磁方式不同可分为反应式、永磁式和感应子式 3 种。

B.结构

步进电动机通常由定子、转子两部分组成。其结构如图 5-2-25、图 5-2-26 所示。

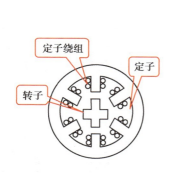

图 5-2-25　步进电动机结构示意图

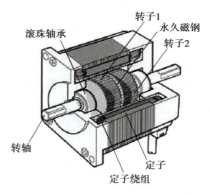

图 5-2-26　步进电动机结构图

三相步进电动机按照工作方式,可分为三相三拍、三相六拍和三相双三拍 3 种。

②步进电动机的工作原理

A.定子绕组产生磁场情况(以三相三拍为例说明)

该步进电动机定子有 6 个绕组产生 6 个磁极(按照控制顺序依次出现),两个相对磁极组成一相(即一对磁极,一个 N 极,一个 S 极)。其绕组如图 5-2-27 所示。

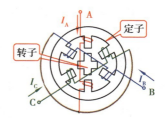

图 5-2-27　定子绕组

根据通入电动机信号脉冲顺序的不同（即相序不同），可将电动机通电顺序分为正相序和反相序两种。

a.正相序：A 相—B 相—C 相；此时，电动机正转。

b.反相序：A 相—C 相—B 相；此时，电动机反转。

正相序电流产生的磁场如图 5-2-28—图 5-2-30 所示。

图 5-2-28　A 相通电

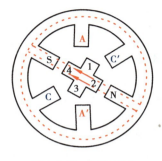
图 5-2-29　B 相通电

图 5-2-30　C 相通电

在 T_1 时间内，A 相绕组通入电流，产生如图 5-2-28 所示的磁场（注：另外两相因为没有电流而不产生磁场）；在 T_2 时间内，B 相绕组通入电流，产生如图 5-2-29 所示的磁场；在 T_3 时间内，C 相绕组通入电流，产生如图 5-2-30 所示的磁场。当交流电电流反复不断地通入，则形成了一个顺时针旋转的磁场。

B.转子工作过程

步进电动机转子为永久磁钢，"1""3"为一对磁极，"1"为 S 极，"3"为 N 极；"2""4"为另一对磁极，"2"为 S 极，"4"为 N 极。在定子绕组的旋转磁场中，根据"同性相斥，异性相吸"的原理，转子跟随旋转磁场转动而转动。

C.步进电动机的特点

a.三相三拍步进电动机每收到一个电脉冲，转子则转过 30°。此角称为步距角。

b.步进电动机的旋转方向取决于定子绕组中通入交流电的顺序。改变通入交流电相序，即可改变电动机的旋转方向。

c.由于转子是靠吸引力带动而转动的，一旦阻力矩过大或吸引力不足时，就会出现所谓的"失步"现象。

2）步进电动机的安装

以 STM23 为例介绍步进电动机的安装。

STM 系列为"集成式步进电机+驱动器"系列成品。STM23 外形如图 5-2-31 所示。

①安装要求

a.电机安装环境温度不能超过 40 ℃。

b.不要在潮湿或者可能引起短路的场所使用。

c.要保持电机周围空气的流通。

②注意事项

a.安装操作要严格按照技术规范要求进行。

b.要保持系统接地良好,非接地系统要保证用电安全。

c.操作时,操作人员要消除自身的静电,并将产品放置在可导电的平面上。

图 5-2-31 集成步进电机

d.如果电机放置在控制柜中,一定要首先关闭好柜门,然后再启动运行。

e.严禁电机运行时插拔电缆,电机停转 10 min 后,在充分放电的情况下,才可接触产品或拆除接线。

③电路图

a.功能框图如图 5-2-32 所示。

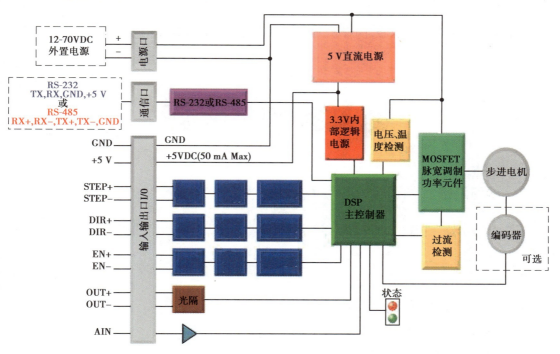

图 5-2-32 功能框图

b.驱动器接线图如图 5-2-33 所示。

注意:驱动器电源的正极、负极不能接反,一旦接反就可能烧毁驱动器。

④驱动器软件的安装

a.安装驱动软件(产品中有自带软件安装程序的 CD)。

图 5-2-33　集成电路

接电源−
接电源+
接地

b.运行软件。

c.使用通信电缆连接驱动器和 PC。

d.将驱动器连接到直流电源,并上电。

e.系统会自我识别驱动器,能显示驱动器的型号及固件版本时,表明驱动器可以正常使用。

活 动 3　汇报与评价

(1)学习汇报

以小组为单位,选择实物、展板及文稿的方式,向全班展示、汇报学习成果。其内容包括:

①常用工具的作用和正确使用方法。

②电动执行器的安装方法和步骤。

③伺服电动机启动控制电路制作。

④展示人员分配架构图,说明每位学生在加工过程中所起到的作用。

(2)综合评价

综合评价见表 5-3-1。

表 5-3-1　综合评价表

评价项目	评价内容	评价标准	评价方式		
			自我评价	小组评价	教师评价
职业素养	安全意识责任意识	1.作风严谨,遵章守纪,出色地完成任务 2.遵章守纪,较好地完成任务 3.遵章守纪,未能完成任务或虽然完成任务但操作不规范 4.不遵守规章制度,且不能完成任务			
	学习态度	1.积极参与教学活动,全勤 2.缺勤达到本任务总学时的5% 3.缺勤达到本任务总学时的10% 4.缺勤达到本任务总学时的15%			
	团队合作	1.与同学协作融洽,团队合作意识强 2.与同学能沟通,团队合作能力较强 3.与同学能沟通,团队合作能力一般 4.与同学沟通困难,协作工作能力较差			
专业能力	正确使用工具	1.熟练使用工具,工作完成后能清理现场 2.熟练使用工具,工作完成后未能清理现场 3.不能熟练使用工具,工作完成后能清理现场 4.不会使用工具,工作完成后未能清理现场			
	工件加工	1.按时完成加工任务,操作步骤正确,工件美观、完整 2.按时完成加工任务,操作步骤正确,工件完成质量较差 3.按时完成加工任务,操作步骤不正确,工件完成质量较差 4.未按时完成加工任务			
	专业常识	1.按时、完整地完成工作页,问题回答正确 2.按时、完整地完成工作页,问题回答基本正确 3.不能完整地完成工作页,问题回答错误较多 4.未完成工作页			
创新能力		学习过程中提出具有创新性、可行性的建议	加分奖励:		
学生姓名			综合评价		
指导教师			日期		

工作页

小组人员分配清单见表 5-3-2。

表 5-3-2　人员分配清单

序号	姓　名	角　色	在小组中的作用	小组评价
1				
2				
3				
4				
5				

材料识别工作页见表 5-3-3。

表 5-3-3　材料清单

名称	常用种类	组成部分	图　片
电动执行器			
液动执行器			
气动执行器			
步进电动机			
伺服电动机			

工具识别工作页见表 5-3-4。

表 5-3-4 工具清单

名　称	作　用	结　构	使用要求	注意事项
螺钉旋具				
塞尺				
游标卡尺				
活扳手				

1）电动执行器驱动轴套的拆装

①拆卸轴套工作页见表 5-3-5。

表 5-3-5 拆卸步骤表

加工步骤	施工方法	施工要求
1		
2		
3		

②重新组装轴套工作页见表 5-3-6。

表 5-3-6 安装步骤表

加工步骤	施工方法	施工要求
1		
2		
3		

2）伺服电动机控制电路的接线

①主电路如图 5-3-1 所示。

②触发电路如图 5-3-2 所示。

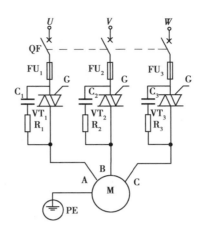

图 5-3-1　主电路

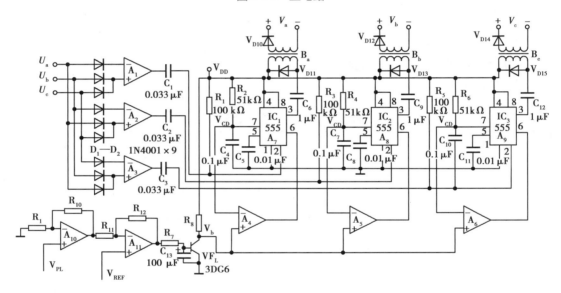

图 5-3-2　触发电路图

③电路板制作工作页见表 5-3-7。

表 5-3-7　制作清单

步　骤	制作要点	调　试	经验总结
选择元件			
触发电路焊接			
主电路接线			
实验			

任务6
控制器的安装与调试

任务目标

1.了解楼宇专业专用控制器与通用控制器的分类方法与结构特点。

2.掌握专用控制器与通用控制器的工作原理及在自动化系统中的作用。

3.掌握火灾报警控制器(专用)结构、特点和使用范围,会安装、调试和使用常用的火灾报警控制器。

4.掌握防盗报警控制器(专用)的结构、特点和使用范围,会安装、调试和使用常用的防盗报警控制器。

5.掌握视频矩阵切换器或硬盘录像机(专用)的结构、特点和使用范围,会安装、调试和使用常用的视频矩阵切换器或硬盘录像机。

6.掌握DDC(通用)结构、特点和使用范围,会安装、调试和使用常用的驱动设备。

7.掌握楼宇专业专用控制器与通用控制器安装的相关规范和法规,会正确使用合适的设备。

8.作业完毕后,能按照电工作业规范清点、整理工具;收集剩余材料,清理作业垃圾。

9.完成本次作业的评价及评分工作。

工作情境描述

组建一个中央空调的新回风混合送风控制系统,并完成 DDC 与传感器、执行元件的线路连接。

活动 1 熟悉设备及工具

学习目标

1.了解专用控制器的种类和特点。

2.了解通用控制器的结构和组成。

3.掌握 DDC 的选择方法。

4.会正确使用控制器安装工具。

 学习过程

（1）控制器简介

控制器分为楼宇专用控制器和楼宇通用控制器两大类。其中,楼宇专用控制器是为建筑物内某些特定场所、环节及要求而制作的特殊用途的控制器,如火灾报警控制器、防盗报警控制器、视频矩阵切换器及硬盘录像机等。楼宇通用控制器可用于建筑物内多个场所的控制,如中央空调控制系统、给排水控制系统、智能照明控制系统等场所所用的 DDC。专用控制器一般采用"用户程序"编写设备控制要求;通用控制器一般采用"汇编语言"编写控制程序。

1）专用控制器简介

楼宇专用控制器种类极多,这里介绍常用的几种。

①火灾报警控制器

A.火灾报警控制器的型号及含义

火灾报警控制器的型号一般表示为

$$①②③-④⑤-⑥$$

其中:

a.消防产品的分类代号。通常用字母 J(警)表示。

b.火灾报警控制器的分类代号。通常用字母 B(报)表示。

c.应用范围特征代号。B(爆)为防爆型;C(船)为船用型;不标注时,为一般型(既不是防爆型,也不是船用型)。

d.分类特征代号。D 为单路报警控制器;Q 为区域报警控制器;J 为集中报警控制器;T 为通用报警控制器。

e.结构特征代号。B 为壁挂式;G 为立柜式;T 为琴台式。

f.主参数。表示各报警区域的最大容量。

例如,JB-QB-GST32 型火灾报警探测器表示的内容是:壁挂式区域火灾报警控制器,该控制器的最大输出为 32 报警点。厂商是海湾(GST)。

又如,JB-JG-60 型火灾报警探测器表示的内容是:立柜式集中火灾报警控制器,该控制器的最大输出为 60 报警点。

B.产品简介

a.区域火灾报警器。与集中火灾报警控制器在外形上没有本质的区别,通常是根据监控范围来确定的。

一般情况下,用移动式、壁挂式火灾报警控制器用作区域火灾报警控制器。壁挂式(或移动)火灾报警控制器外形如图 6-1-1 所示。

b.集中火灾报警器。是一种能接收区域火灾报警控制器发来的报警信号的多路火灾报警控制器。它不但具有区域报警器的功能,而且能向联动控制设备发出指令。集中火灾报警控制器通常由壁挂式、立柜式和琴台式报警控制器等充当。壁挂式火灾报警控制器的内部结构示意图如图 6-1-2 所示。壁挂式火灾报警控制器

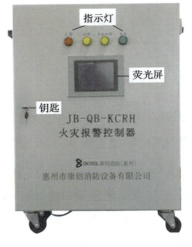

图 6-1-1　壁挂(或移动)式
火灾报警控制器外形图

如图 6-1-3 所示,立柜式报警控制器如图 6-1-4 所示,琴台式报警控制器如图 6-1-5 所示。

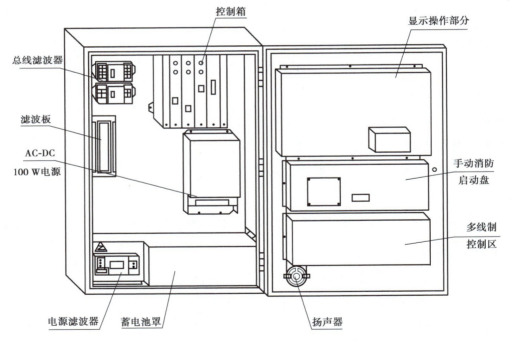

图 6-1-2　壁挂式火灾报警控制器的内部结构

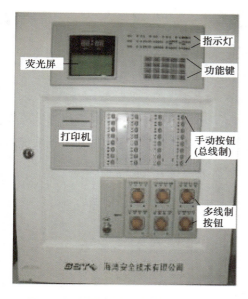

图 6-1-3 壁挂式火灾报警控制器外形

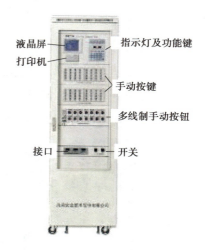

图 6-1-4 立柜式火灾报警控制器

c.火灾报警控制中心。是由多台火灾报警控制器、消防报警电话主机、消防广播系统及消防控制台(减灾系统、灭火系统)等组成。一般设置在小区管理中心或 119 中心。其外形如图 6-1-6 所示。

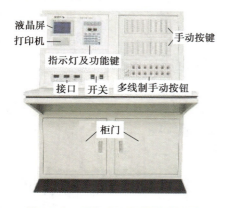

图 6-1-5 琴台式火灾报警控制器

图 6-1-6 火灾报警控制中心控制台

②防盗报警控制器

防盗报警控制器的作用是对防盗报警探测器传输来的电信号进行分析与判断,并将判断结果传送给终端设备,再通过它们报警、显示或联动控制(如有入侵者时系统关闭通道)。

A.防盗报警系统的类型

按防盗报警控制器的监控范围,防盗报警系统可分为

$$防盗报警系统 \begin{cases} 独立防盗报警系统 \\ 联网防盗报警系统 \begin{cases} 小区联网防盗报警系统 \\ 区域联网防盗报警系统 \end{cases} \end{cases}$$

B.产品简介

a.区域(家庭用)防盗报警控制器。一般做成盒式与壁挂式。它具有报警和防破坏等功能。当有入侵者进入布防区域时,它不但可发出报警声威慑入侵者,还可通过拨号系统向业主或系统管理者报警。小型防盗报警控制器(SK-968C 系列)如图 6-1-7 所示。

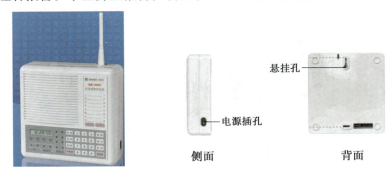

图 6-1-7　小型防盗报警控制器(SK-968C)

b.集中防盗报警控制器。其作用是将多个区域防盗报警控制器联网在一起,就构成了小区防盗报警系统。总线制集中防盗报警控制器如图 6-1-8 所示。

c.防盗报警控制中心。将多个集中防盗报警控制器(设置在各物业小区管理处)联网在一起,就构成了防盗报警控制中心。一般设在公安部门,俗称 110 防盗报警中心,如图 6-1-9 所示。

图 6-1-8　集中防盗报警控制器

图 6-1-9　防盗报警控制中心

③硬盘录像机

硬盘录像机是以计算机硬盘为载体,可记录、回放音视频信号的设备。

其主要功能有实时监控功能、备份功能、录像放像功能、报警联动功能、通信功能及智能操作功能等。

硬盘录像机按结构,可分为嵌入式结构硬盘录像机(见图 6-1-10)和数字式硬盘录像机(见图 6-1-11)两种。

图 6-1-10　嵌入式硬盘录像机外形图　　　　图 6-1-11　L 型数字式硬盘录像机前面板

或者在计算机主板安装内存、监控卡、硬盘等,则组成了数字式硬盘录像机的硬件部分,如图 6-1-12 所示。

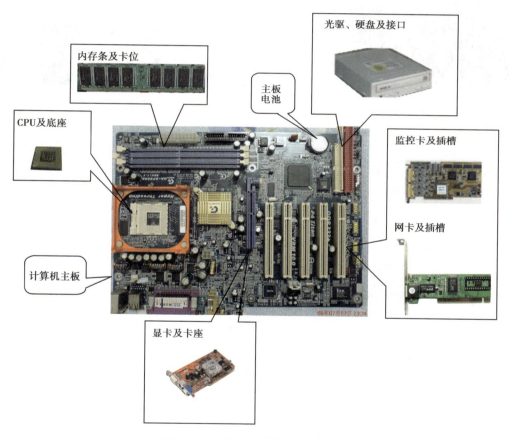

图 6-1-12　数字式硬盘录像机硬件

④视频矩阵切换器

矩阵切换器的简称为矩阵,它可实现输入和输出之间的动态连接,将信号源设备的任一路信号传输至任一路显示终端上,并可实现音频和视频的同步转换,将传输部分传送来的信号有选择地送入显示与记录部分,并能实现对其他部分的遥控,是控制部分的核心。

A.视频矩阵切换器的主要类型

视频矩阵切换器可从多路视频信号源中选出1路或几路信号送往监视器或送往录像设备去记录,可大大节省中心视频设备的数量及相应的费用。常用的有嵌入式视频矩阵和整体式视频矩阵两种。

a.嵌入式视频矩阵。嵌入式视频矩阵(见图6-1-13)必须和控制系统(计算机)一起使用,并通过计算机网络对视频矩阵进行操作、切换和远程控制。

b.整体式视频矩阵。整体式视频矩阵包括控制系统和视频矩阵两部分,可单独使用,也可联网使用,如图6-1-14所示。

图6-1-13　嵌入式视频矩阵

按键　　　　摇杆

图6-1-14　整体式视频矩阵(V2020)

B.视频矩阵切换器的工作原理

a.矩阵的组成。矩阵的主要组成部分为

视频矩阵
　矩阵主机
　　视频输入模块:对视频信号进行隔离、缓冲和放大处理
　　音视频输出模块:对切换后的视频信号进行放大和字符叠加等处理
　　中心控制模块:对传输来的信号进行逻辑分析、判断,并输出控制信号
　　报警模块:对报警信息进行检测、处理
　　电源模块:提供能源
　控制键盘
　　按键:包括数字键和相关功能键
　　显示
　　遥杆
　　权限控制锁

b.矩阵的工作原理。矩阵的核心是一个X×Y的交叉点电子开关,当矩阵收到来自控制键盘的切换命令后,通过控制交叉点开关的断开和闭合来实现X方向的任意输入和Y方向的输出联通。这样,就可将X方向上连接的摄像机联通到Y方向上的监视器,从而实现在任意一个监视器上看到任意一个摄像机的图像。

例　在八入四出视频矩阵(见图6-1-15)上把第5路视频输入信号切换到第3路的输出端口上。

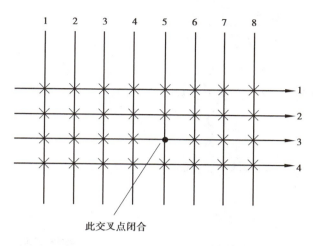

此交叉点闭合

图6-1-15　八入四出视频矩阵切换示意图

解　如图6-1-15所示,1~8条竖线代表8根视频输入线,1~4条横线代表8根视频输出线;竖线和横线的交点处就是"交叉点电子开关","×"表示该处的"交叉点电子开关"为断开状态,"."表示该处的"交叉点电子开关"为闭合状态;这样,就能把第5路视频输入信号切换到第3路的输出端口上。

注意:同一输出母线上的个子母交叉点可按一定的顺序依次闭合,但不能同时闭合(如在3输出母线上,不允许同时有两个或以上交叉点处于闭合状态)。

大量使用这种交叉点电子开关芯片,经过合理的级联组合,再加上输出模块、中心控制模块、电源模块等就构成了一个复杂的视频矩阵。

2)通用控制器(DDC)

DDC是直接数字控制器的英文简称,是一台应用于工业领域(特别适合应用在智能楼宇控制系统中)的计算机。它能将对数个现场控制参数进行采集,并将该参数与给定值相比较,然后按照事先设定好的控制规律进行计算,并将运算结果通过接口控制执行设备,完成对被控对象的控制。

DDC由微处理器、接口(包括数字输出、数字输入、模拟输出及模拟输入4种接口)、电源等组成。DDC如图6-1-16所示。

图6-1-16　DDC(霍尼韦尔)

(2)常用工具简介

控制器安装工具有螺钉旋具、尖嘴钳、手枪钻等。前面各节已经详细介绍过了,这里不再赘述。

控制器连线检测工具最常用的是万用表,这里详细讲解一下。

1)万用表的简介

万用表按照内部结构分为指针式和数字式两种。指针式万用表价格便宜,但测量精度较差且与使用者的态度及经验关系很大。数字式万用表价格较贵,但测量精度较高且与使用者的经验关系无关。

①指针式万用表

指针式万用表主要由表头、测量电路和转换装置等组成。其外形如图6-1-17所示。

②数字式万用表

数字式万用表主要由显示屏、电子电路和转换装置等组成。其外形如图6-1-18所示。

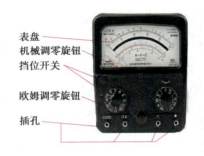

图 6-1-17　指针式万用表

图 6-1-18　数字式万用表

2)万用表的使用(以指针式万用表为例说明)

①使用前的准备

a.将万用表水平放置。

b.机械调零(如需)。

c.插入正、负表笔(红表笔插入"+"或"5A"等插孔,负表笔插入"COM"插孔)。

②测量电阻

A.测试前准备

a.选择欧姆挡,并选择合适的量程。

b.欧姆调零(将万用表的红、黑表笔碰接在一起,调整欧姆调零旋钮,直到指针指到欧姆零位)。

B.测量

a.将万用表两表笔分别接在被测电阻的两端。

b.读取数值。

c.测量完毕后,将万用表调至交流电压最大挡或空挡。

③测量电压

a.选择电压挡,并选择合适的量程(注意:测直流电压时要注意两表笔连接电源的极性,红表笔一定要接在高电位端,黑表笔一定要接在低电位端。测交流电压时,不用考虑极性)。

b.将两表笔并接在被测设备的两端。

c.读取数值。

d.测量完毕后,将万用表调至交流电压最大挡或空挡。

（3）通用控制器（DDC）的选择

1）应用简介

直接数字控制器（DDC）主要用于智能楼宇控制系统中,是将建筑物或建筑群内的空调与通风、变配电、照明、给排水、热源与热交换、冷冻和冷却、电梯和自动扶梯等系统,以集中监视和管理;分散控制为目的构成的综合系统的核心部件,它起到承上启下的作用。

这种集中管理或监视,分散控制的计算机控制策略,称为集散控制系统,如图 6-1-19、图 6-1-20所示。

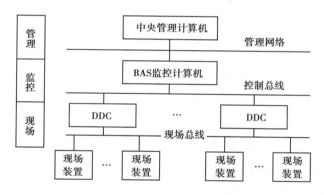

图 6-1-19　集散控制系统结构框图

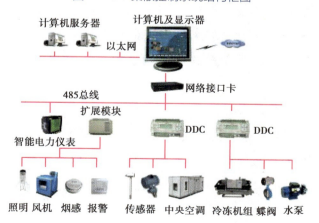

图 6-1-20　集散控制系统结构示意图

2）DDC 的选择原则

①组成

通常是由微处理器、网络通信模块、输入输出模块、储存器及电源等组成。

②技术指标

A.硬件部分

微处理器、网络通信模块、输入输出模块、储存器、电源等配置要求，信号及精度要求，以及通信速率要求。

B.软件部分

模拟量偏差监视、最佳控制方式、最佳启停控制要求、运行时间统计、检测记录、季节转换控制模式、编程语音及报警程序等要求。

③选用要点

A.现场控制器是安装于监控对象附近的小型专用计算机控制设备。其主要功能应满足：

a.与中央站及其他现场控制器进行数据通信。

b.对现场仪表信号做采集和数据转换，输出控制信号至现场执行机构。

c.可进行基本控制运算，独立实施设备监控功能。

B.现场控制器的信号及精度要求

a.现场控制器的信号应分为模拟量输入（AI）、模拟量输出（AO）、开关量输入（DI）及开关量输出（DO）。

b.现场控制器的输入、输出信号应与现场仪表的信号相匹配。

c.现场控制器的信号测量和数据转换精度应满足系统的测量和控制要求。

C.现场控制器的结构要求

a.现场控制器的结构选择应根据被控设备的特点进行。测控点较少且功能要求比较固定的设备监控，可选用输入、输出点数相对固定的现场控制器。

b.测控点较多且工业流程变化较多的设备，可选用输入、输出点数可灵活组合的现场控制器。

D.现场控制器的通信速率要求

a.现场控制器的通信速率应满足整个监控系统的响应速度。

b.现场控制器之间应可通过通信实现现场信息与数据共享。

学习目标

1.会专用控制器安装与操作。

2.会通用控制器安装与操作。

3.会 DDC 的接线。

学习过程

（1）专用执行器的安装与操作

1）防盗报警控制器

①家庭用防盗报警控制器

A.家庭用防盗报警控制器及家装防盗报警系统

家庭用防盗报警系统应由家庭用防盗报警控制器、遥控器、各种门磁（开关）、各种防盗报警探测器（探头）及电话线等组成。家庭用防盗报警器与其他组件的连接如图6-2-1 所示。

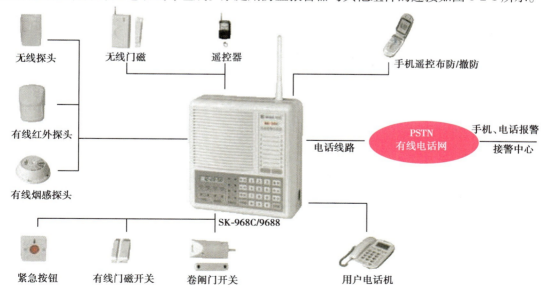

图 6-2-1　家庭用防盗报警控制器连线示意图

B.家庭用防盗报警控制器的接线端子和有线设备之间的连接

与家庭用防盗报警控制器连接的设备有门磁开关、紧急开关、警号及电话线等。

家庭用防盗报警控制器与输入设备(包括有线门磁开关、紧急开关等)、输出设备(包括警号等)和电话系统(包括固定电话或移动电话)的连接情况如图 6-2-2 所示。

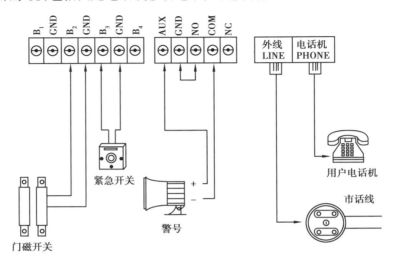

图 6-2-2　家庭用防盗报警控制器与有线门磁开关、紧急开关、警号和电话线的连接

C.相关常用术语

a.全开。使全部探测器进入布防状态。

b.点开。大部分探测器处于撤防状态,个别指定探测器处于布防状态。

c.全关。使全部探测器进入撤防状态。

d.点关。大部分探测器处于布防状态,个别指定探测器处于撤防状态。

e.前端。系统住户前端是由各种探测器和报警装置组成。它们用于提供探测范围内的各种报警信息。

f.编码。用代码来表示防盗报警探测器的编号信息,以方便报警主机与报警探测器之间的信息传输(就像投递信件时,给客户编的门牌号码一样)。

D.家庭用防盗报警控制器的操作

以 SK-968C 为例说明,其他家庭用防盗报警控制器虽然具体操作方法不一样,但操作步骤大同小异。

a.操作面板。SK-968C 家庭用防盗报警控制器面板如图 6-2-3 所示。

b.报警电话的设置:

●按下"复位"键,显示屏光标开始闪烁。

●按下"电话"键,出现"滴滴"声音。

●输入该报警电话号码的序号,按下"确认"键。

● 再次输入报警电话号码,按下"确认"键,完成设置。

c.布防延时时间的设置:

● 按下"复位"键,显示屏光标开始闪烁。

● 按下"编程"键,出现"滴滴"声音。

● 输入特征验证码(如08),按下"确认"键。

● 输入延时时间(如0930123),按下"确认"键,完成设置。延时时间的含义如图6-2-4所示。

09	30	123
从检测到报警信号等发出报警的延时时间	按下"布防"键到进入警戒状态的延时时间	不需要延时的布防区域

图6-2-3　家庭用防盗报警控制器的操作键盘　　　图6-2-4　延时时间的含义

d.独立防盗报警系统的调试。

调试步骤如下:

● 在供电正常情况下,探测器通电后80 s内,探测器上的红色步行测试灯亮一下(闪一下然后熄灭),系统工作正常。

● 在布防状态下,以每秒0.3~3 m的速度步行3~4步,观察步行测试灯亮,系统工作正常。

● 如果没有发光指示,应重新调整探测器角度和灵敏度,以达到要求为止。

②区域防盗报警控制器和集中防盗报警控制器及防盗报警中心控制台

A.结构示意图

将若干个家庭用防盗报警系统联网在一起,就构成了区域防盗报警系统,如图6-2-5所示。

将若干个区域防盗报警控制系统(设置在各物业小区管理处或行业分理处)联网在一起,就构成了集中防盗报警系统(设置在110防盗报警中心或行业报警中心,如银行等),如图6-2-6、图6-2-7所示。

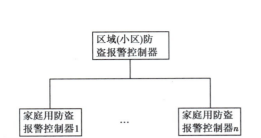

图 6-2-5　小区防盗报警系统结构示意图

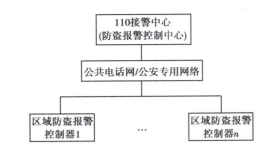

图 6-2-6　集中防盗报警系统结构示意图

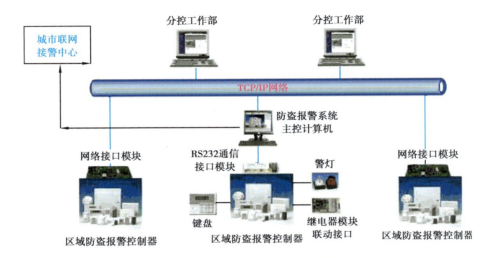

图 6-2-7　集中防盗报警系统实物连接示意图

B.区域防盗报警控制器的使用

区域防盗报警控制器种类繁多,不同的厂家有不同的操作方法。但是,无论哪种操作方法所要完成的主要内容都是一样的,即编码、布防、撤防等。现在以 99 路远距离防盗报警系统为例加以说明。

a.99 路远距离防盗报警主机(即区域防盗报警控制器)前面板如图 6-2-8 所示。

图 6-2-8　99 路远距离防盗报警主机前面板

b.给报警探测器编码。

设置步骤如下:

• 首先按一下"编码/解码"键。

● 再由"增量"或"减量"键选择所需的编号,将报警主机后板的光编码器对准探测器下方的光敏器件。

● 再次按下"编码/解码"键即可。

● 最后,如果编码有效,报警主机将发出发音时间较短的"嘀嘀"响声,如果本次编码无效,报警主机发出表示操作无效的发音时间较长的"嘟嘟"响声。

c.用报警控制器布防。

全开设置步骤如下:

● 持续按住"全开/点开"键,暂时不用理会显示和发出的响音。

● 再单击"复位/清除"键,即可将全部的探测器设定成设防状态。

点开操作步骤如下:

● 单击"全开/点开"键。

● 再由"增量"或"减量"键选择进行操作的探测器编号。

● 再次单击"全开/点开"键。

区域布防操作步骤如下:

如图 6-2-8 所示,按下"设防"键,在出现的画面中选择"设防范围",再在显示屏的设防区域内输入要设防区域的编号,按下"确定"键,完成某一区域设防操作。

d.用报警控制器撤防。

全关设置步骤如下:

● 在布防状态下,持续按住"全关/点关"键,暂时不用理会显示和发出的响音。

● 再单击"复位/清除"键,即可将全部的探测器设定成撤防状态。

点关操作步骤如下:

● 在布防状态下,单击"全关/点关"键。

● 再由"增量"或"减量"键选择进行操作的探测器编号。

● 再次单击"全关/点关"键。

2)火灾报警控制器

①区域火灾报警控制器

A.区域火灾报警控制器的功能

主要功能如下:

a.供电功能。区域报警控制器能提供交流(220 V)与直流(24 V)两种电源,从而确保当交流电源突然断电后,报警器(包括探测器、模块和警报设备等)能正常工作 24 h 以上。

b.主备电源自动切换功能。区域报警控制器的主电源是交流 220 V 的市电,备用电源是一块 24 V 的蓄电池;当市电停电或出现故障时,它能自动转换到备用电源上工作;当恢复送电或故障排除后,它又能自动转换到主电源上工作。

c.火警记忆功能。接收到火灾探测器发出的火灾报警信号后,区域报警控制器可实现:

● 对报警信号进行对比、分析和判断,并驱动警报设备报警。

● 在报警控制器的显示屏上指示火灾发生的具体位置。当按下"消音"键,报警声消失,但显示屏上仍然存在该报警信息(或可查询到该报警信息)。

● 通过设置打印该火灾信息。

d.消声后再声响功能。当报警控制器接收到某一探测器传来的火灾报警信号后,声光报警器会发出声音、光线等报警信号;按下"消音"键后,该声音、光线报警信号人为消声(灯也不再闪烁)。但如果有另外的探测器传来火灾报警信号,声光报警器又会重新发出声音、光线等报警信号。

e.控制输出功能。主要包括:

● 灭火设备的启动。确定发生火灾时,可通过报警控制器启动喷淋设备进行灭火。

● 减灾设备启动。确定发生火灾时,可通过报警控制器启动排烟风机、关闭防火门等措施减小火灾的危害。

f.巡线功能。传输线(包括与探测器、控制设备等的连线)发生故障(短路、断路)时,区域报警控制器会发出与火警不同的声音报警信号,并显示故障发生的具体部位,以便及时维修。

g.火警优先功能。有火灾报警信号时,能自动切除原先可能存在的其他故障报警信号,而只报火警。当火情排除后,人工将火灾报警控制器复位,其他故障仍然存在时,将再次发出故障报警信号。

h.手动检测功能。设置了手动检查试验装置,可随时或定期检查系统各部分、各环节的电路和元器件是否完好无损,系统各种检测功能是否正常,并且手动检查完成后,系统能自动复位或手动复位。

B.区域报警控制器的组成及工作原理

a.组成。主要由输入回路、光报警单元、声光报警单元、自动监控单元、手动检查测试单元、电源单元及输出单元等电路组成。其结构如图6-2-9所示。

b.工作原理。当输入回路接收到探测器发出的火灾报警信号或故障报警信号后,通知声光报警单元发出声音、光线等报警信息,并显示火灾发生的位置及时间,然后送给输出单元控制消防设备的工作状态(如消防泵的启动等)或送给集中报警控制器,由集中报警控制器实现消防设备或减灾设备(如广播系统由正常广播状态转换为消防广播状态等)的控制。

电源单元负责向系统提供电源。其中,为了保障停电时设备还能正常工作24 h以上,故还配用了备用电源。

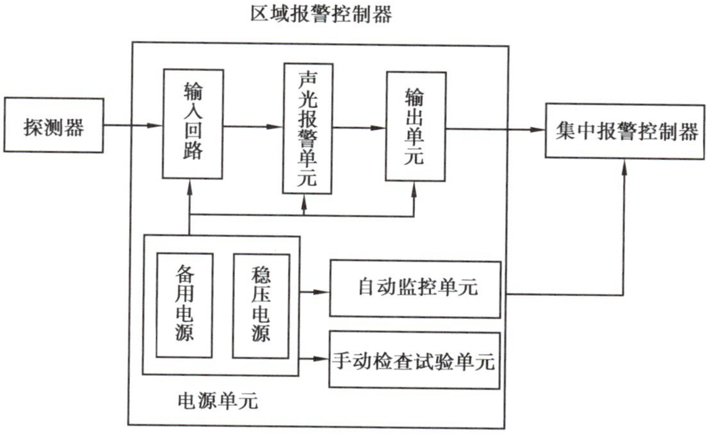

区域报警控制器

图 6-2-9　区域报警控制器结构框图

自动监控单元可监控火灾报警系统线路的各类故障(如有无断路、短路等现象),便于及时发现和排除故障;手动检测试验单元可检查火灾报警系统设备(如火灾报警探测器工作是否正常)是否处于正常的工作状态,消除漏报及无法控制等隐患。

C.区域报警控制器的连接

火灾报警探测器直接连接到区域报警控制器上。

a.多线制区域报警控制器连接线数量的判定。

● 区域报警控制器输入导线的确定(以二线制探测器为例说明)。如图 6-2-10 所示为区域报警控制器与火灾报警探测器的连接示意图。

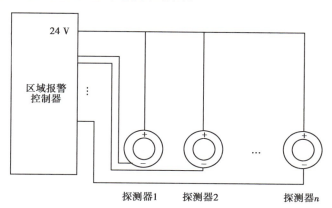

图 6-2-10　区域报警控制器输入端接线示意图

由图 6-2-10 可知,其输入导线的总数可计算为

$$N = n + 1$$

式中　N——输入导线的总数,根;

　　　n——本区域探测部位的数量,个;

1——公共电源线(24 V)。

• 区域报警控制器输出导线的确定(以二线制火灾报警控制器为例说明)。如图 6-2-11 所示为区域报警控制器与输出设备连接示意图。

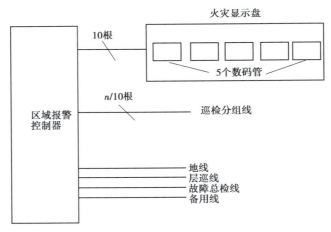

图 6-2-11　区域报警控制器与输出设备连接示意图

由图 6-2-11 可知,其输出导线的总数可计算为

$$N = 10 + \frac{n}{10} + 4$$

式中　N——输出导线的总数,根;

　　　10——与集中报警控制器(或火灾显示盘)相连的火灾信号线的数量;

　　　$n/10$——巡检分组线的数量,取整数;

　　　n——报警回路数,根;

　　　4——地线、层巡线、故障总检线及备用线,根。

b.总制区域报警控制器连接线数量的判定。

• 区域报警控制器输入导线的确定(以二总线制探测器为例说明)。输入线只有 Z_1,Z_2 两根。

• 区域报警控制器输出导线的确定(以二总线制火灾报警控制器为例说明)。

输出线有 A,B 两根通信总线和若干组多线制控制线(如 C1−,C1+;C2−,C2+等)

• 总线制区域火灾报警控制器的接线端子。控制器连线端子如图 6-2-12 所示。

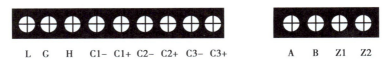

図 6-2-12　总线制区域火灾报警控制器的接线端子示意图

其中,L,N:接 220 V 交流电源,L 接火线,N 接零线,G 接地线。

C1-,C1+(C2-,C2+等):为一组,是多线制输出接线端子,每一组都与唯一的多线制联动设备相连接(即控制器上的一个多线制按钮对应着一个联动设备,如按钮1控制风机,按钮2控制水泵,等等)。

A,B:是485通信总线,连接到火灾显示盘上。

Z1,Z2:是地址总线,连接到火灾报警探测器上。

②集中火灾报警控制器

A.集中火灾报警控制器的功能

集中火灾报警控制器除了具有区域火灾报警控制器所有的功能外,还增加了以下一些功能:

a.计时与打印功能。能准确记录火灾发生的时间,为公安部门调查起火原因提供准确的时间数据。

b.火灾报警电话功能。利用专用电话线及时与有关部门(或公安消防部门)报告,核查火警真伪,并组织力量灭火,减小各种损失。

c.事故广播功能。发生火灾时,用以指挥人员疏散和扑救工作。

B.集中火灾报警控制器的结构

它主要由信号传输电路、中央处理单元、外围设备及电源4大部分组成,如图6-2-13所示。

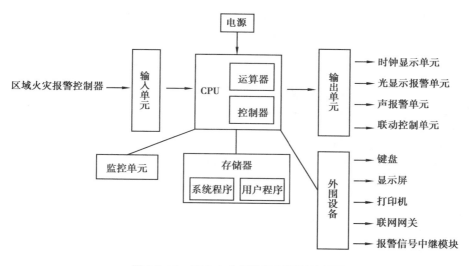

图6-2-13 集中火灾报警控制器结构框图

其中,输入单元及输出单元属于信号传输电路;CPU、存储器及监控单元属于中央处理单元。

C.区域火灾报警控制器工作原理

其工作原理是:当区域火灾报警控制器发出火灾报警信号时,首先由输入单元接收并传给中央处理单元;然后由中央处理单元将传输来的火灾报警信号于设置好的程序进行比较、分析和判断;最后通过输出单元发出警报或联动控制指令。

监控单元起着监控各类故障的作用。

D.区域火灾报警控制器与集中火灾报警控制器的主要区别

其主要区别见表6-2-1。

表 6-2-1　区域火灾报警控制器与集中火灾报警控制器区别表

区别 种类	监控区域	使用情况	连接的输入设备	检测功能
区域火灾报警控制器	较小	可单独使用	火灾报警探测器手动报警按钮	自检
集中火灾报警控制器	较大	必须与区域火灾报警控制器一起使用	区域火灾报警控制器	自检与巡检

③火灾报警控制中心

消防控制中心的选址及布置的要求如下:

a.消防控制中心的选址。不是所有防火区域都要设置消防控制中心,只有在防火区域极大和火灾危害极大的场所才需要设置消防控制中心。

● 消防控制中心可设置在独立的建筑内,也可设置在建筑物内(只能设置在一层或地下一层),而且消防控制中心的出入口应设置明显的标志且靠近安全出口。

● 消防控制中心应设置维修室、休息室等配套房间,以方便值班人员长期值守。

● 有条件时,消防控制中心应设置在广播、通信设施等用房附近。

● 消防控制中心内不应穿过与消防控制无关的电气线路或管道,也不可装设与消防无关的设备。

● 不应将消防控制中心设置在厕所、锅炉房、浴室、汽车库、变压器室等房间的隔壁及上下层相对应的房间。

b.消防控制中心的布置如图6-1-6所示。其布置要求如下:

● 控制台一般排列不超过4 m,且两端应设置不小于1 m的通道。

● 控制台单列布置时,应留有不小于1.5 m的操作通道;控制台双列布置时,应留有不小于2 m的操作通道。

● 控制台后面应留有不小于1 m的维修通道。

④火灾报警控制器的安装

A.火灾报警控制器的安装要求

a.对工作间而言,设备安装前土建工作、装修工作应全部完成。

b.对箱、柜而言:

●控制器箱的底边距地(楼)面的高度不应小于 1.5 m,控制器柜(台)的底边宜高出地坪 0.1~0.2 m。

●控制器箱、柜安装应牢固,不得倾斜。

●控制器箱、柜的外壳应可靠接地,且接地电阻应小于 4 Ω(联合接地时电阻应小于 1 Ω)。

●当采用联合接地时,应采用专用接地干线;该接地干线应采用线芯截面积不小于 16 mm² 的铜芯绝缘电线或电缆。

c.对线缆而言:

●引入控制器的电线或电缆应标注清晰、配线整齐;避免交叉,并绑扎成束。

●导线穿硬(钢)管时,要注意保护,导线穿金属软管时长度不宜超过 2 m,并用管卡固定(固定点之间的距离不应穿过 0.5 m)。

●导线通过补偿缝时,应加设补偿器。

●导线穿过进线管后,进线管应进行封堵。

d.安装工程完工后,应测量接地电阻,并提交工程验收报告。

B.火灾报警控制器的安装方法

a.控制器柜、台的安装方法。

其步骤如下:

●确定安装位置,开设电缆沟槽。

●安装固定地脚螺钉。

●将控制器柜、台固定在地脚螺钉上。

●将控制器柜、台可靠接地。

注:控制器台一个不够时,可将几个基本台拼装在一起。

b.壁挂式控制器的安装。

其步骤如下:

●确定安装位置,开设电缆槽。

●安装固定墙脚螺钉,并将背板固定在墙脚螺钉上。

●将壁挂式控制器安装在背板上。

●将壁挂式控制器可靠接地。

3）硬盘录像机

①硬盘录像机的安装场所

a.远离高温的热源和环境。

b.避免阳光直接照射。

c.为确保录像机的正常散热，应避开通风不良的场所，切勿堵塞录像机的通风口。录像机在后部设计有散热风扇，故录像机安装时，其后部应距离其他设备或墙壁 5 cm 以上，以利于系统散热。

d.录像机应水平安装。

e.避免安装在会剧烈振动的场所。

②硬盘录像机的"硬盘"的安装

一般硬盘是可以独立购买或更换的，这是就需要进行安装操作。

a.拆卸硬盘录像机上盖的固定螺钉，如图 6-2-14 所示。

b.拆卸录像机的机壳，如图 6-2-15 所示。

图 6-2-14　拆卸主机上盖的固定螺钉

图 6-2-15　拆卸机壳

c.硬盘上的 4 个固定螺钉每个转 3 圈，如图 6-2-16 所示。

d.把硬盘对准底板的 4 个孔放置，如图 6-2-17 所示。

图 6-2-16　硬盘上的 4 个固定螺钉

图 6-2-17　硬盘底板的 4 个孔放置

e.翻转设备，将螺钉移进卡口，如图 6-2-18 所示。

f.将硬盘固定在底板上，如图 6-2-19 所示。

g.插上电源线和硬盘线，如图 6-2-20 所示。

h.合上机箱盖，固定螺钉，如图 6-2-21 所示。

图 6-2-18　将螺钉移进卡口

图 6-2-19　硬盘固定在底板上

图 6-2-20　电源线和硬盘线

图 6-2-21　合上机箱盖

③数字式硬盘录像机的使用注意事项

a.非专业人员请勿自行拆开机壳,避免损坏和电击。

b.录像机出厂时未配置硬盘,初次安装使用时,必须首先安装硬盘。

c.如果长期停止使用机器,最好完全断开录像机的电源,并将电源线插头从电源插座拔离。

d.录像机带电状态下,不能直接插拔硬盘或硬盘架。

e.录像机带电状态下,不能直接插拔音视频线、串口线。

f.录像机带电状态下,不能直接带电插拔解码器、报警盒及球形摄像机设备连线。

g.每年定期更换一次。更换时,要注意电池的型号一定要相同。

4)视频矩阵切换器

①视频矩阵切换器及视频监控系统

如图 6-2-22 所示为视频矩阵系统的结构示意图。由摄像机采集视频信号,拾音头采集音频信号或有非法入侵者时,探测器发出报警信号并触发摄像机、拾音头录像、录音。同时,通过网络视频服务器传输到 Intranet 网上,再由总线分别送到录像服务器(录像)、监控服务器(报警、控制)、用户管理服务器(编写用户程序),由网络视频矩阵将视频信号传送到管理中心的电视墙上显示,管理人员通过电视墙观看各防区的图像信息,并及时作出反应和处理。

②视频矩阵切换器与其他设备的连接(以 V2020 视频矩阵为例说明)

A.与摄像机的连接

a.V2020 视频矩阵面板介绍。如图 6-2-23 所示,V2020 视频矩阵后面板上"绿色"区域为视频输出模块——接监视器;"黄色"区域为视频输入模块——接摄像机;"蓝色"区域为

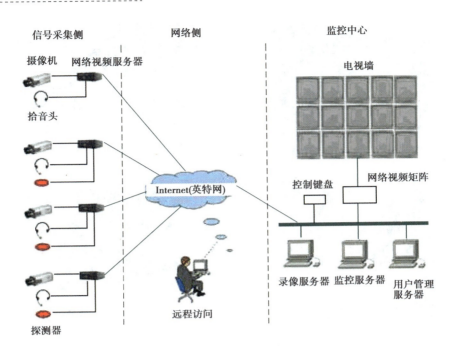

图 6-2-22　视频矩阵系统示意图

控制模块——接带有云台的摄像机；"天蓝色"区域为报警输入/输出模块——接探测器（这样，就可将防盗报警系统和视频监控系统有机地联系起来，从而组成一个功能更加完善的报警监控系统）。

　　将摄像机连接到相应的视频输入端口上，如图 6-2-23 所示。

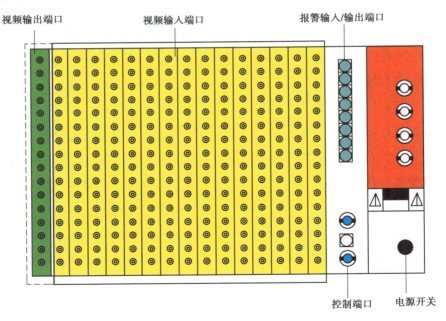

图 6-2-23　V2020 视频矩阵后面板

●为摄像机设置合适的编号,然后在视频输入模块找到与摄像机编号对应的 BNC 接头进行插接。

●选择合适的视频电缆作摄像机和视频输入模块之间的连线。

b.V2020 视频矩阵与摄像机的连接

连接方法如图 6-2-24 所示(该视频矩阵最多可连接 225 台摄像机)。

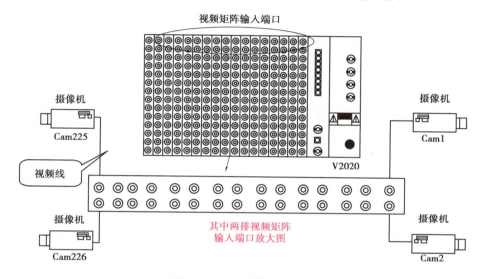

图 6-2-24 视频输入连接图

B.与带云台的摄像机的连接

系统依靠控制信号传输来实现对摄像机的控制(V1690M 是解码器,V2411 是码转换/分配器)。

解码器安装在摄像机附近,一般起到控制云台转动和镜头调整的目的。由于视频监控系统大多都采用总线技术,总线上连接了许多设备,如解码器、矩阵和现场控制单元等。为了不至于传错信息,将每个设备都设置了地址码。当信息通过总线送达后,解码器对地址码解码,然后决定送给哪一个设备执行。

解码器实物如图 6-2-25 所示。

码转换器的将数字信息转换成云台等能识别的模拟量信息。

经过解码器、码转换/分配器视频矩阵可控制多个高速球摄像机。其连接情况如图 6-2-26 所示。

C.与监视器的连接

a.为监视器设置合适的编号,然后在视频输出模块后面板上找到与该监视器对应的 BNC 接头。

图 6-2-25 解码器

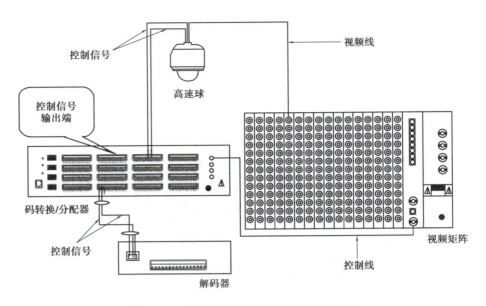

图 6-2-26　与高速球摄像机连接的控制连线

b.用视频线(同轴电缆)将监视器接到对应的 BNC 接头上。

c.将监视器电阻设置为 75 Ω(最多可连接 16 台监视器),如图 6-2-27 所示。

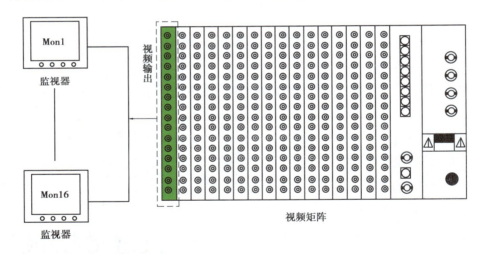

图 6-2-27　与监视器的连接

D.报警输入连接

报警输入是通过 V2431 报警接口单元连接到 V2020 矩阵上的。其连接步骤如下:

a.将矩阵上的一个 RS-232 口连接到报警接口单元的 OUTPUT 口上。

b.再将报警传感器连接到报警接口单元的报警输入接口上,每个传感器需要接两根线。
其中,一根连接报警输入终端,另一根接地,如图 6-2-28 所示。

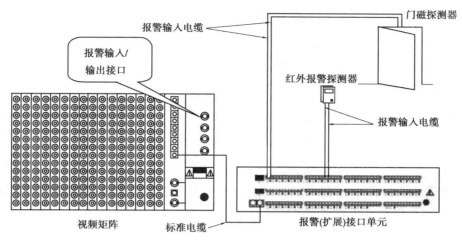

图 6-2-28　V2431 与报警输入连接

E.通信接口连接

V2020 的 CPU 模块上提供 8 个 RS-232 通信口,用于连接键盘、控制器、报警接口单元及计算机等。其中,接线盒接线如图6-2-29所示。

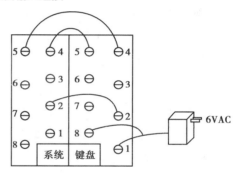

图 6-2-29　接线盒

（2）通用控制器

这里我们以霍尼韦尔 DDC 控制器为例说明。

1）DDC 控制器的结构及工作原理

①结构

DDC 控制器主要由软件和硬件大两部分组成。

A.硬件

DDC 控制器硬件部分主要由计算机（又称 CPU）模块、电源模块和输入/输出模块等组成。

B.软件

DDC 控制器软件部分主要由基础软件、自检软件和应用软件 3 部分。其中,基础软件是作为固定程序由厂家固化在模块中的通用软件;自检软件一般情况下保证 DDC 控制器的正常运行,出现问题时检测其运行故障,便于管理人员维修;应用软件是针对各个可调设备的控制内容而编写的,这部分软件可根据管理人员的需要进行编写。

C.DDC 控制系统

通常包括中央控制设备(包括集中控制计算机、彩色监视器、键盘、打印机、不间断电源及通信接口等)、现场 DDC 控制器、通信网络以及相应的传感器、执行器(如调节阀等)元器件。

②工作原理

所有的控制逻辑均由微信号处理器,并以各控制器为基础完成。这些控制器接收传感器,常用触点或其他仪器传送来的输入信号,并根据软件程序处理这些信号,再输出信号到外部设备。这些信号可用于启动或关闭机器,打开或关闭阀门或风门,或按程序执行复杂的动作。

DDC 控制器是整个控制系统的核心,是系统实现控制功能的关键部件。它的工作过程是控制器通过模拟量输入通道(AI)和数字量输入通道(DI)采集实时数据,并将模拟量信号转变成计算机可接收的数字信号(A/D 转换),然后按照一定的控制规律进行运算,最后发出控制信号,并将数字量信号转变成模拟量信号(D/A 转换),并通过模拟量输出通道(AO)和数字量输出通道(DO)直接控制设备的运行。

2)施工、安装要点

①分站直接数字控制器的安装位置

a.控制器的准确安装位置,应根据设计施工图纸所示。

b.控制器应安装在被监控设备较集中的场所,以尽量减少管线敷设。一般设置在电控箱或电控柜内,其内部设备应布置整齐美观,强弱电系统分开以保证系统安全,且便于检修。

c.现场控制器应安装在光线充足、通风良好、操作维修方便的地方。

②控制器安装的要求

a.控制器的安装应垂直、平正、牢固。

b.控制器安装的垂直度允许偏差为 3 mm;箱的高度大于 1.2 m 时,垂直允许偏差为 4 mm。

c.控制器安装水平的倾斜度允许偏差为 3 mm。

活动 3　汇报与评价

(1)学习汇报

以小组为单位,选择实物、展板及文稿的方式,向全班展示、汇报学习成果。其内容如下:

①常用工具的作用和正确使用方法。

②控制器的安装方法和步骤。

③全新风式中央空调系统新风机组的点位图及控制策略和 DDC 的接线。

④展示人员分配架构图,说明每位学生在加工过程中所起到的作用。

（2）综合评价

综合评价见表 6-3-1。

表 6-3-1　综合评价表

评价项目	评价内容	评价标准	评价方式		
			自我评价	小组评价	教师评价
职业素养	安全意识 责任意识	1.作风严谨,遵章守纪,出色地完成任务 2.遵章守纪,较好地完成任务 3.遵章守纪,未能完成任务或虽然完成任务但操作不规范 4.不遵守规章制度,且不能完成任务			
	学习态度	1.积极参与教学活动,全勤 2.缺勤达到本任务总学时的 5% 3.缺勤达到本任务总学时的 10% 4.缺勤达到本任务总学时的 15%			
	团队合作	1.与同学协作融洽,团队合作意识强 2.与同学能沟通,团队合作能力较强 3.与同学能沟通,团队合作能力一般 4.与同学沟通困难,协作工作能力较差			
专业能力	正确使用工具	1.熟练使用工具,工作完成后能清理现场 2.熟练使用工具,工作完成后未能清理现场 3.不能熟练使用工具,工作完成后能清理现场 4.不会使用工具,工作完成后未能清理现场			
	工件加工	1.按时完成加工任务,操作步骤正确,工件美观、完整 2.按时完成加工任务,操作步骤正确,工件完成质量较差 3.按时完成加工任务,操作步骤不正确,工件完成质量较差 4.未按时完成加工任务			
	专业常识	1.按时、完整地完成工作页,问题回答正确 2.按时、完整地完成工作页,问题回答基本正确 3.不能完整地完成工作页,问题回答错误较多 4.未完成工作页			
创新能力		学习过程中提出具有创新性、可行性的建议	加分奖励:		
学生姓名			综合评价		
指导教师			日期		

工 作 页

（1）工作页1

小组人员分配清单见表6-3-2。

表6-3-2　人员清单

序　号	姓　名	角　色	在小组中的作用	小组评价
1				
2				
3				
4				
5				

材料识别工作页见表6-3-3。

表6-3-3　材料清单

名　称	常用种类	组成部分	图　片
专用控制器			
DDC			

工具识别工作页见表6-3-4。

表6-3-4　材料清单

名　称	作　用	结　构	使用要求	注意事项
万用表				
测电阻步骤				
测电压步骤				

（2）工作页 2

1）情境描述

和景商务大厦二楼 201 房采用全新风系统供冷,现采用 DDC 进行控制。其要求如下:

①新风量可调(即新风风阀的开度大小可调节)。

②新风口和送风口温、湿度可测。

③过滤器堵塞(即过脏)报警。

④能根据新风口和送风口温度变化调节冷水阀的开度。

⑤能根据新风口和送风口湿度变化调节加湿阀的开度。

⑥送风机工作状态显示、故障报警及自动控制。

2）新风机组组成结构图及硬件配置图

①结构图:如图 6-3-1 所示。

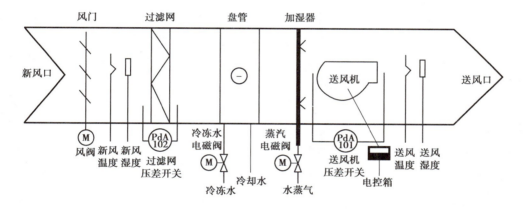

图 6-3-1 新风机组结构图

②控制点位图,如图 6-3-2 所示。控制点位表见表 6-3-5。

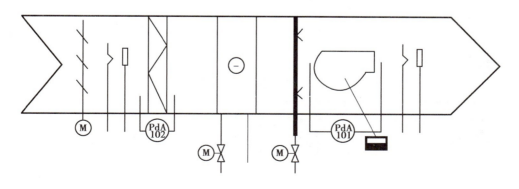

图 6-3-2 控制点位图

表 6-3-5　控制单位表

DDC 现场管线	AI	
	DI	
	AO	
	DO	
	电源	
管线编号		
接入 DDC 箱号		

③控制逻辑关系

控制逻辑关系见表 6-3-6。

表 6-3-6　控制逻辑关系表

输出量　　输入量			输　入			
			新风温度	新风湿度	送风温度	送风湿度
输出	风阀开度	相关因素				
		逻辑关系				
	盘管电磁阀开度	相关因素				
		逻辑关系				
	加湿器电磁阀开度	相关因素				
		逻辑关系				
	送风机自动控制	相关因素				
		逻辑关系				

报警逻辑关系见表 6-3-7。

表 6-3-7　报警逻辑关系表

报警量　　输入量		输　入			注　释
		过滤器压差传感器	送风机压差传感器	热继电器	
报警	过滤网脏				
	风机故障				
	风机过载				

3）DDC 与设备连线

连线工作页见表 6-3-8。

表 6-3-8　连线步骤表

步　骤		说　明	注　释
了解 DDC 的输入/输出端	AI	定义	
		种类及特点	
		连接时注意事项	
	DI	定义	
		种类及特点	
		连接时注意事项	
	AO	定义	
		种类及特点	
		连接时注意事项	
	DO	定义	
		种类及特点	
		连接时注意事项	
了解传感器的端口	温度传感器	定义	
		种类及特点	
		连接时注意事项	
	湿度传感器	定义	
		种类及特点	
		连接时注意事项	
	压差传感器	定义	
		种类及特点	
		连接时注意事项	
线路连接			
测试			

参考文献

［1］姚卫丰.楼宇设备监控及组态［M］.北京:机械工业出版社,2008.

［2］梁森,黄杭美.自动检测与转换技术［M］.3 版.北京:机械工业出版社,2010.

［3］王崇梅.电气设备安装工艺与技能训练［M］.北京:中国劳动社会保障出版社,2008.

［4］王公儒.综合布线工程实用技术［M］.北京:中国铁道出版社,2011.

［5］王公儒,蔡永亮.综合布线实训指导书［M］.北京:机械工业出版社,2013.